环境艺术设计专业考试用书

环境艺术设计教学与实践丛书

中国美术学院出版社

责任编辑 毛 羽
装帧设计 梁 宇 习 习
责任校对 朱 奇
责任印制 毛 翠

图书在版编目（CIP）数据

硬笔线描及淡彩技法 / 张天臻著. -- 修订本. --
杭州 : 中国美术学院出版社, 2016.7
ISBN 978-7-5503-1167-1

Ⅰ. ①硬… Ⅱ. ①张… Ⅲ. ①环境设计－白描－绘画
技法－高等教育－自学考试－教材②环境设计－水彩画－
绘画技法－高等教育－自学考试－教材 Ⅳ. ①TU-856

中国版本图书馆CIP数据核字(2016)第168876号

硬笔线描及淡彩技法（修订本）
张天臻 著

出 品 人：祝平凡
出版发行：中国美术学院出版社
地 址：中国·杭州市南山路218号 / 邮政编码：310002
网 址：http://www.caapress.com
经 销：全国新华书店
制 版：杭州海洋电脑制版印刷有限公司
印 刷：浙江省邮电印刷股份有限公司
版 次：2016年8月第2版
印 次：2016年8月第1次印刷
印 张：7.25
开 本：889mm×1194mm 1/16
字 数：70千
图 数：120幅
印 数：9001－12000
书 号：ISBN 978-7-5503-1167-1
定 价：42.00元

目录

目录

修订版说明

本教材2005年3月第一次印刷至今已11年，历经多次再版，得到艺术院校广大学生、考生及辅导者的充分认可，但原书在内容和次序上尚存遗漏和不足，需修订以适应当下环境艺术教育。

本书为浙江省高等教育自学考试（1050412）环境艺术本科（3050444）、环境艺术设计专科（10209）设计课程的指定考试大纲教材。

本次修订本在原内容基础上进行了修改与增补，系统地阐述了硬笔线描及表现步骤与技法，增加了设计表现的赏析与实践内容，尤其针对自学考试内容增加了模拟考试章节，便于考生提高环境艺术设计表现的实际操作能力。

编　者

2016年7月

第一章 概 说

第一节 什么是硬笔线描表现图

在建筑设计过程中，线描表现图能够形象地表达建筑师的设计意图、构思。凭借它，设计师能够向建设单位展示设计效果，提供给人们一个直观的形象，它是对未来建筑形象和预想空间的一种预示，同时也是建筑设计师创作思维结果的直观呈现。

>>> 美国建筑大师赖特早期的建筑表现图。作者用准确的线条清晰地表达出建筑与环境的关系。

线 描	赖特（Frank Lloyd Wright）
铅 笔 钢 笔	20世纪20—30年代

第二节 硬笔线描表现的种类

线描的表现图包括徒手和器械两种。

徒手线描表现图的绘制接近于绘画意义上的速写，两者在画面效果处理的要求上是一致的，但有区别。速写的过程是快速记录我们所见到或感受到的较为生动的形象的过程，因而比较感性：线描表现图则比较理性，对概括和抽象思维能力的要求较高。它需要准确地交代出空间形体特征，包括比例、尺度、结构、材质等等。

器械完成的线描表现图要求更为严格，是真实性、科学性和艺术性三者的结合，它的创作过程是一种“有计划的预想”的表达过程，是一种建筑设计预想图，是理性思维的呈现，是在平面上表现一种建立在空间透视基础之上的“三维”空间的效果。它是建筑画的一个重要门类，同时也是建立在科学和客观地表达空间关系透视学基础之上的一种绘画方法，它与建筑效果图也有区别，它是建筑效果图的一种，主要利用线条的组织来表达建筑、环境的结构、形体、材质、光线等。

第三节　硬笔线描表现的意图和作用

线描可以作为一种独立的绘画表现形式，同时也是其他许多绘画，比如水彩渲染、马克笔表现等表现形式的基础和准备。线描的方法具有很强的表现力和很大的灵活性。在设计师的思考过程中，可以借助快速的表现手法，受到启发并且逐渐明确自己的设计思路，而在设计师呈现他的创作思维结果时，则可以借助线描表现图充分地展现出对象的形体、体积、质感、环境等。在绘画艺术中，线条也具有很强的表现力。我们通过线描的学习可以加深对设计语言的了解以及对空间概念的把握。同时培养和锻炼初学者的概括能力和抽象思维能力。在日常运用中，我们往往借助铅笔、钢笔、签字笔和绘图笔（针管笔）等硬质笔和拷贝纸、三角尺等工具来完成。

虽然线描有着绘制方便快捷、表现范围广泛等特点，但是在表达色彩、塑造建筑体量和渲染环境气氛上还有一定的局限。而在线描基础上辅以水彩、彩铅等淡彩方法，可以进一步地提高线描的表现能力。这种表现方法在线描勾勒的基础上，根据表现对象的色彩关系和环境气氛渲染的需要，采用水彩或者其他透明、半透明的颜料，在线条表现基础上进一步塑造对象的形象、明暗、体积和环境气氛。线描结合淡彩的形式、工具简单，但表现力却非常丰富，而且较为传统、严谨，学术气息较浓。

淡　彩	俞文捷
水彩、彩铅	30cm × 40cm

<<< 在线描基础上辅以水彩、彩铅等淡彩方法，可以进一步地提高线描的表现能力。

第四节　硬笔线描表现的应用与发展简介

中国古代很早就有了颇为发达的建筑绘画艺术。早在五代、北宋年间，中国画中出现了一种专门的“界画”，这是一种描绘建筑的画种。他们借助柔软的毛笔所形成的线描手法体现出中国传统艺术的魅力和表现力，为建筑表现艺术提供了有益的借鉴。他们对建筑的构造、空间布局、整体环境等已有了较详尽的认识，并掌握了表现一点透视效果的技法和熟练的绘画表达手法。宋代名画《清明上河图》是其中相当经典的作品，从中我们可以看到当时的建筑形象和民情风俗。

>>> 北宋张择端的《清明上河图》中对建筑的精致刻画。

界　画	张择端
毛笔、水墨	局部（原作 25.5cm × 525cm）

在欧洲，十七至十八世纪形成了今天常用的透视作图方法。十九世纪时，透视学知识与绘画技法及建筑设计结合在一起，发展成为用铅笔、钢笔和水彩等方法绘制建筑透视图的技法，这种表现图是非常严谨而真实的表现能力。1671 年，法国巴黎皇家美术学院建筑系训练建筑师的表现能力，就是从单色水彩渲染描绘希腊、罗马柱式开始的。而后，其他西方国家的建筑学院纷纷仿效。我国在 1927 年设立建筑系科，也把水墨渲染作为建筑系科入门课程。

>>> 建筑设计透视图。

建筑透视图	约翰　索伦（John　Soane）
钢笔、水彩	19 世纪 10-20 年代

第五节　我国硬笔线描表现图的发展

随着时代的发展，社会的进步，中国大规模城乡建设的展开，我国的环境艺术设计得到了空前的发展，为效果图的发展提供良好的发展条件，各种表现技法层出不穷。

建筑效果图的表现形式多种多样，人们的审美情趣随着时间的推移也在不断地发生变化，任何一种画法由于颜料及工具的限制都不能做到十全十美，它们都是既有自己独特的优势，同时也存在着一些局限性。

（一）早在二十世纪五六十年代我国就拥有了一批优秀的效果图画家，当时的效果图主要以表现建筑为主，表现形式多为铅笔淡彩。这种画法的特点是铅笔线挺拔有力，浓淡随意，能够表现出十分严谨、丰富的空间结构。水彩颜料透明，可以多次渲染，能够运用退晕等多种技法。

（二）进入二十世纪七十年代末期，水粉画法由于其具备厚重，易于修改，刻画深入等优点，广受人们的欢迎。这种画法表现力强，色彩饱和浑厚，具有较强的覆盖力，适用于多种空间环境的表现。使用水粉画颜料绘制效果图，绘画技巧性强。但由于色彩的干湿变化大，初学者极难掌握，因而对使用者的绘画基础要求较高。

（三）从二十世纪八十年代中后期开始，随着改革开放的不断深入，大量国外优秀设计作品进入我国，透明水色画法和喷笔画法以及马克笔等画法受到人们的青睐。喷绘法，画面细腻、丰富，变化微妙，真实感强，具有独特的表现力和现代感，受到人们的喜爱。由于人们看惯了水粉、水彩等厚重的画法，透明水色的出现仿佛一缕清风，给人们带来耳目一新的感受。这种画法的优点是色彩明快，比水彩更为透明艳丽，空间造型的结构轮廓表现清晰，适合于表现各种结构变化丰富的空间环境。但同时它也有面积过多，掌握不好，有时容易给人造成缺乏艺术性、商业气息过浓，细部刻画不够深入，画面感觉缺乏深度，颜色不易修改等缺点；于是人们又将水粉与透明水色、喷笔、彩色铅笔等画法结合，形成一种综合的表现技法。从目前来看，这种画法相对比较成熟、全面，也更易于被人们所接受。

（四）近几年计算机绘图逐渐流行，并且显示了自身强大的功能优势，对传统的手绘效果图产生了越来越大的冲击。它所带来的冲击主要来源于以下几个方面：

1. 它具有其他效果图技法所不能及的功能。它的透视准确，材质表现清晰，更加接近于真实现状。同时它可以做成动画，更全面、细致地展现设计构思，丰富了渲染图的表现力。

2. 在当今的信息社会中，许多商业行为并不都是发生在谈判桌上，有时是依靠远距离的通讯设备，及时、准确地传递给对方并得到反馈，计算机便具备如此条件，绘图者与业主之间只需联网便可沟通信息。

3. 电脑绘图与其他技法相比，最大的优点是便于修改，在已完成的图面基础上可以进行形体、色彩、材质等的再选择与再改造。这既有利于设计师优化设计方案，同时也有助于多角度地展示设计构思，使绘图者与业主双方都有陈述自己意见的机会，密切双方的合作，最终做出比较理性的选择。

思考练习题及试卷：

1. 硬笔线描作为一种独立的绘画表现形式，它的特点是什么？

2. 硬笔线描表现的种类分成哪两种？

3. 我国硬笔线描表现图的发展分几个阶段？

4. 试卷

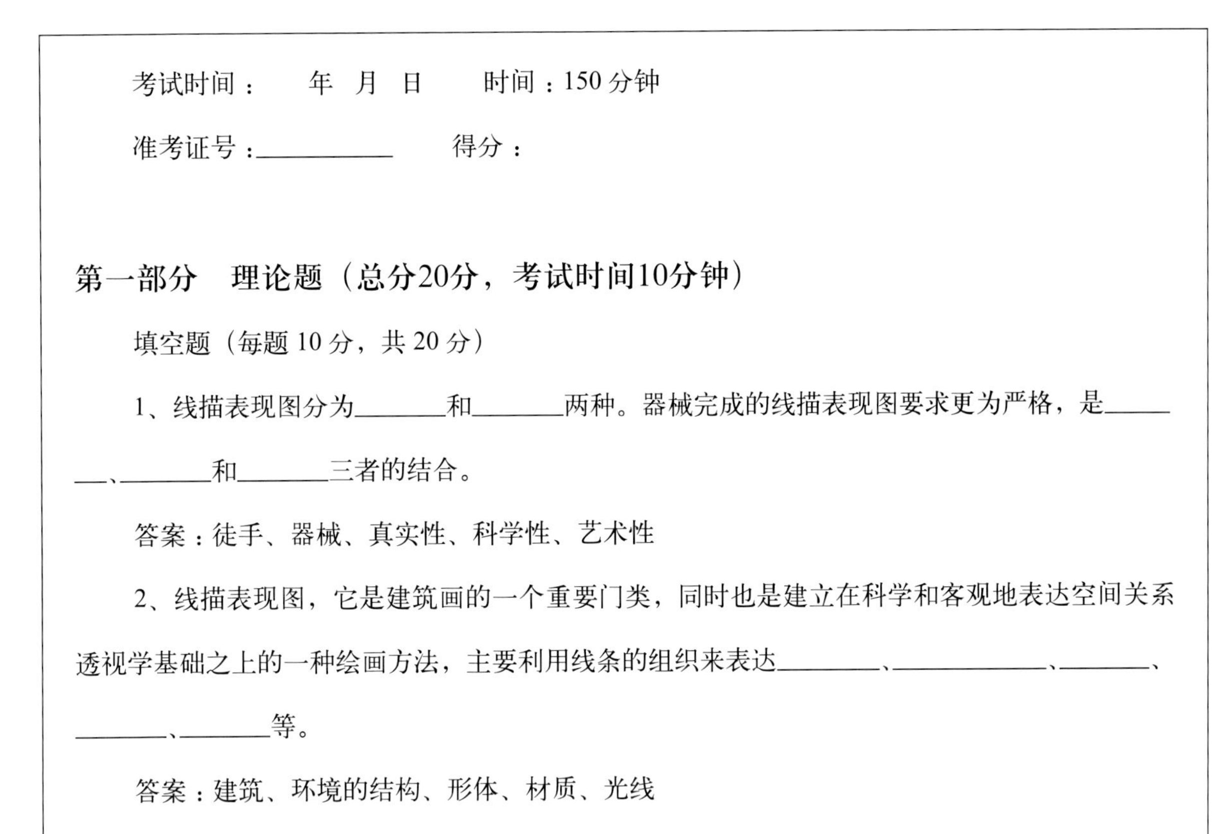

考试时间： 年 月 日 时间：150分钟

准考证号：__________ 得分：

第一部分 理论题（总分20分，考试时间10分钟）

填空题（每题10分，共20分）

1、线描表现图分为______和______两种。器械完成的线描表现图要求更为严格，是______、______和______三者的结合。

答案：徒手、器械、真实性、科学性、艺术性

2、线描表现图，它是建筑画的一个重要门类，同时也是建立在科学和客观地表达空间关系透视学基础之上的一种绘画方法，主要利用线条的组织来表达______、________、______、______、______等。

答案：建筑、环境的结构、形体、材质、光线

第二部分 技能操作题（总分80分，考试时间140分钟）

根据附图的办公空间室内实景照片，制作一幅硬笔线描效果图。

要求：①透视准确，空间尺寸正确。深入刻画建筑构造和相关构件，室内软硬材料肌理对比。

②画面协调，空间感强。

③图纸规格及表达：A3图幅（297mmx420mm），硫酸纸（80克以上），墨线绘制。

④绘图工具：铅笔，针管笔，钢笔，橡皮，尺。

宇宙运通国际纺织公司
项目地点：中国上海
主要材料：清水混凝土、玻璃、流沙墙、锈铁板、水曲柳、柚木

第二章　硬笔线描表现图的分类、表现工具与技法

第一节　建筑表现图的分类

（一）根据不同的表现对象分类

1. 城市规划效果图。

2. 建筑单体效果图。

3. 室内效果图。

4. 风景、园林效果图。

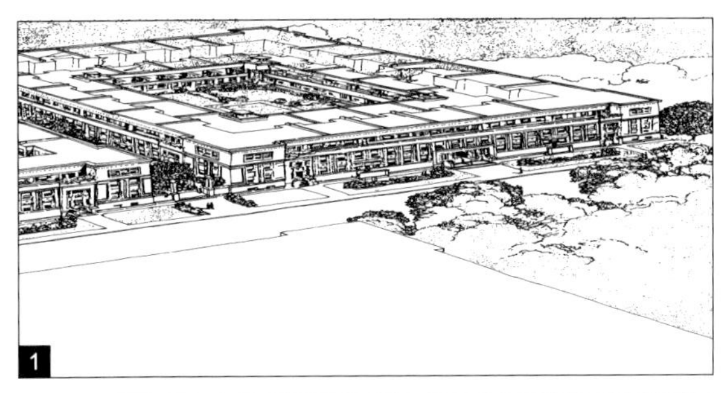

1

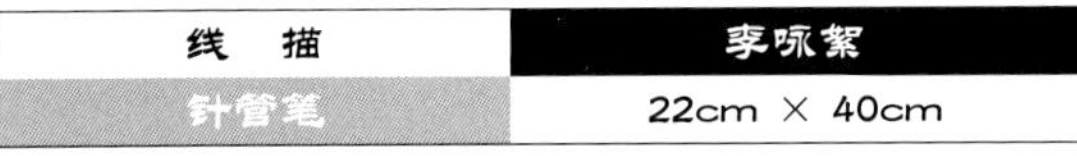

线　描	李咏絮
针管笔	22cm × 40cm

2

线　描	仇　一
针管笔	23cm × 33cm

3

线　描	孟　玮
针管笔	38cm × 27cm

4

线　描	涂　璐
针管笔	28cm × 36cm

（二）按风格形式分类

1. 写实风格。

2. 写意风格。

3. 抽象风格。

4. 装饰风格。

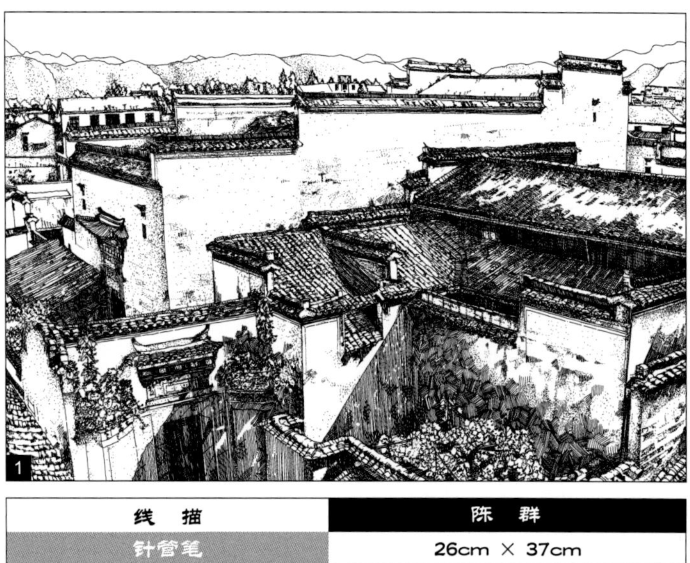

1

线　描	陈　群
针管笔	26cm × 37cm

2

线　描	曹　颖
针管笔	28cm × 26cm

3

线　描	陈　群
针管笔	26cm × 36cm

4

线　描	俞小雪
针管笔	36cm × 27cm

（三）按工具、材料和主要表现手法分类

1. 硬笔线描类效果图。

2. 硬笔线描渲染效果图。

3. 水彩渲染效果图。

4. 水粉效果图。

5. 马克笔效果图。

6. 喷绘效果图。

7. 综合技术的效果图。

8. 计算机辅助设计效果图。

1

2

3

4

5

6

7

8

第二节　硬笔线描表现工具与技法

线描具有工具限制少、绘制方便、风格变化多和表现力强等特点。它既可以自由挥洒不受拘束，又可以借助其他工具的辅助，进行深入细致的描绘和刻画。

无论是在设计草图的酝酿阶段还是在定稿后的表现上，线描的方法都有相当强的表现能力和较大的灵活性。在草图的酝酿过程中，线的运用往往是不受拘束的自由的表现，通常采用徒手勾勒的方法表现，具有一定的随意性和不确定性，在这种随意性和不确定性的过程中，逐渐展现出对象的形体比例、体积质感等因素；同时这种不确定的线条的描绘过程也使建筑师和设计师在这些貌似混沌的线条中受到启发而逐渐明确自己的设计思路。而在建筑设计的最后表现阶段，则往往是通过整理、概括、提炼的理性化线条来表达明确的建筑形象。如果结合其他表现形式，如淡彩渲染或有色铅笔的勾勒平涂等，则具有更强的表现力。

在绘画艺术中，线条也具有很强的艺术感染力。日常运用最为广泛的是借助现代绘图工具所描绘的各种线条，在这些工具中，最为常见和常用的有铅笔、钢笔、绘图笔（针管笔）、签字笔和圆珠笔。在我们的建筑表现技法的学习中，线描方法的学习和训练是主要的基础之一。

线　描	李暾罡
针管笔	29cm × 36cm

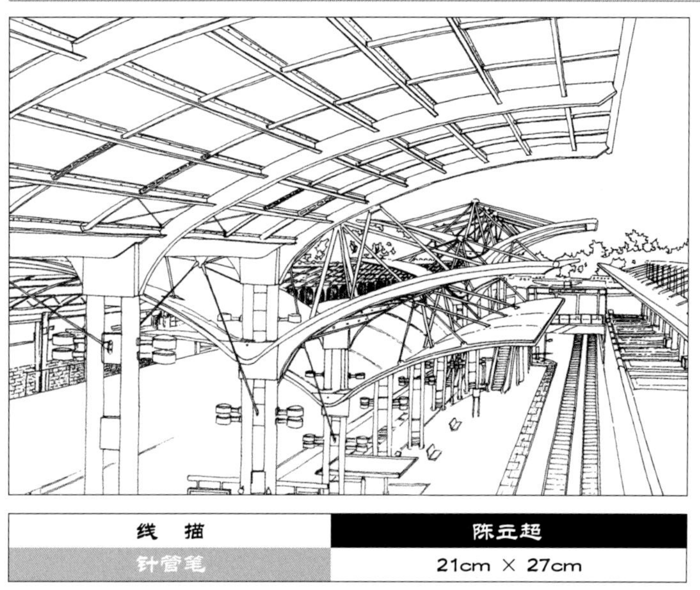

线 描	陈云超
针管笔	21cm × 27cm

线 描	陈逸琳
针管笔	29cm × 30cm

线条流畅精炼，形体交待明确，少许的阴影表现，突出物体的结构。通过整理、概括、提炼的理性化线条来表达明确的建筑形象。

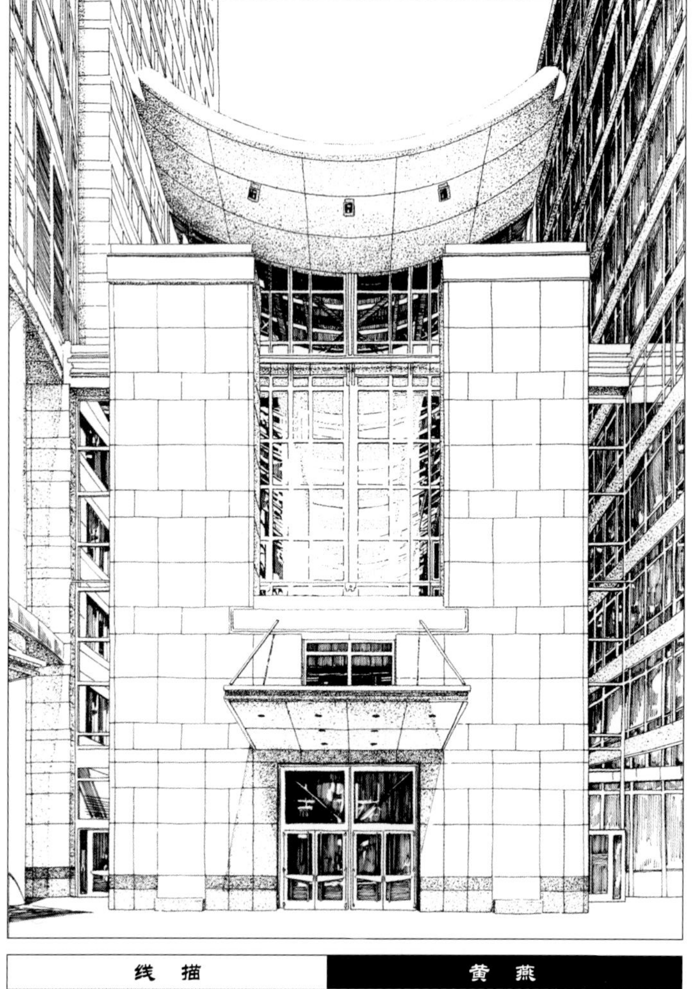

线 描	黄 燕
针管笔	38cm × 30cm

线 描	陈云超
针管笔	28cm × 22cm

一张好的硬笔线描表现图应具备：

1. 钢笔线条流畅；

2. 结构比例准确；

3. 线条组合巧妙；

4. 景物的取舍和概括；

5. 画面黑白灰层次处理得当。

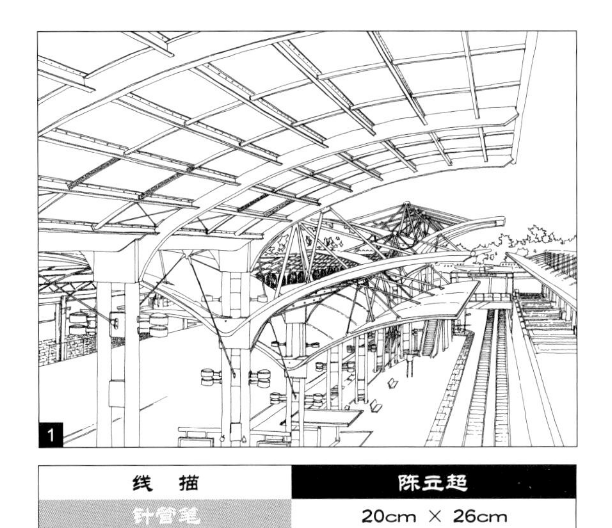

1

线 描	陈云超
针管笔	20cm × 26cm

3

线 描	周 芬
针管笔	33cm × 26cm

2

线 描	郭晓燕
针管笔	33cm × 28cm

4

线 描	盛 涂
针管笔	23cm × 32cm

5

线 描	马亚江
针管笔	30cm × 22cm

（一）线的组合

1. 直线线条排列形成方向。

2. 曲线线条排列形成运动感。

3. 线条的叠加形成纹理表现肌理感。

4. 线条的空隙形成视觉负形 。

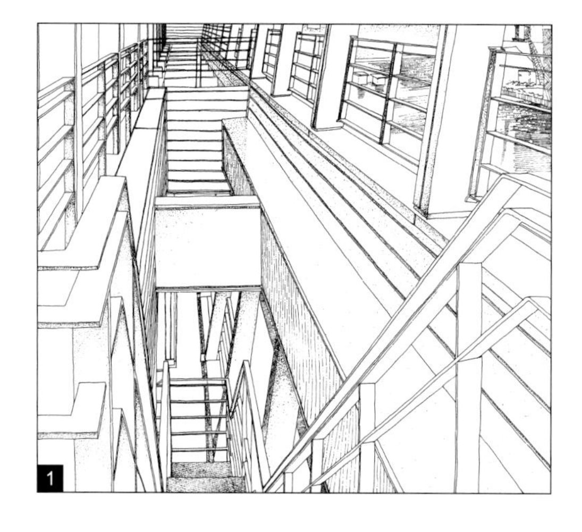

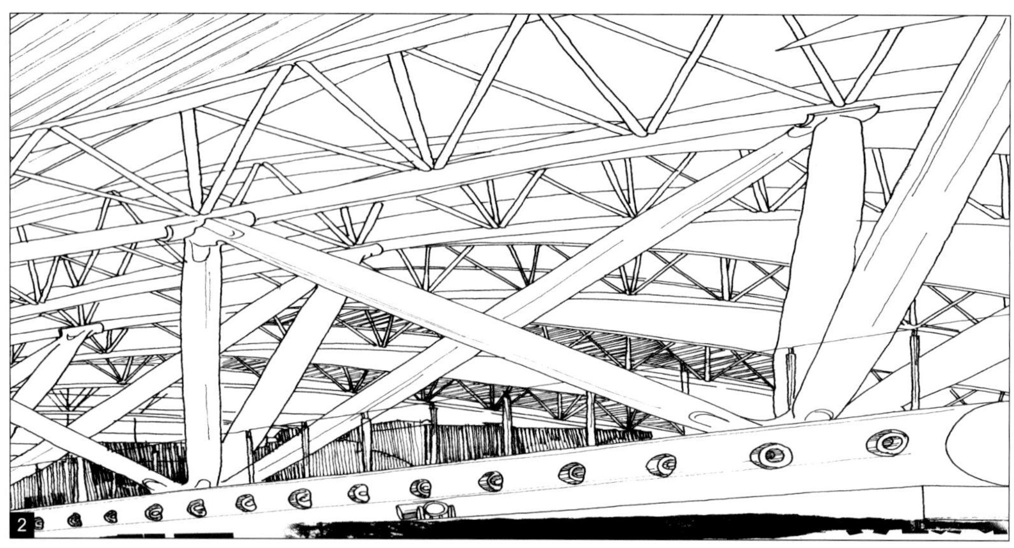

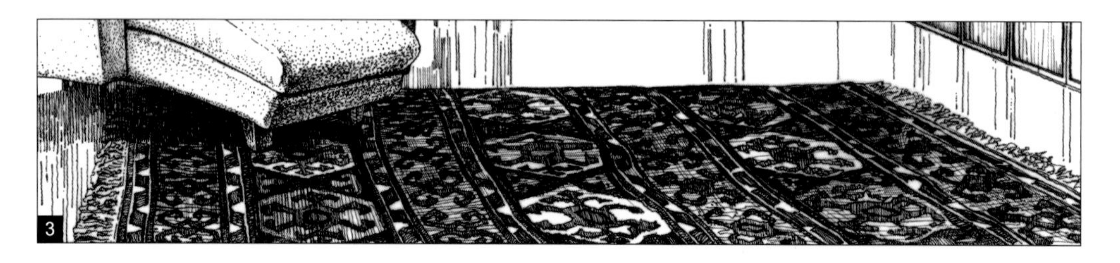

（二）组合类型

1. 直线线条组合。

2. 直线线条叠加。

3. 直线线段组合。

4. 直线线段叠加。

5. 曲线线条组合。

6. 曲线线条叠加。

7. 不规则折线组合。

8. 不规则曲线组合。

9. 点与小圆圈的组合。

（三）　技法要领

1. 运笔要放松，一次一条线，不涂改，不覆盖，切忌分小段往复描绘。

2. 过长的线条可断开，分段再画，不要描接，易产生小点。

3. 线条宁过而勿不到（一般反映在建筑物转角处）。

4. 宁可局部小弯，但求整体大直。

5. 轮廓、转折等处的线条可加粗强调。

（四）　表现力

1. **光影变化**：由线条疏密造成明暗光影效果。

2. 质感变化

墙面——宜选择线段或排列的点。

树丛——宜选择不规则的折线或曲线。

水面——宜选择连续的直线或曲线。

石块——宜选择直线或有张力的曲线。

草地——宜选择线段或散点。

3． 衬景表现

树形——圆锥、伞形、卵形、圆柱形、圆锥形、尖塔形。

远山——山势起伏的轮廓线。

石——白描勾勒，不作阴影。

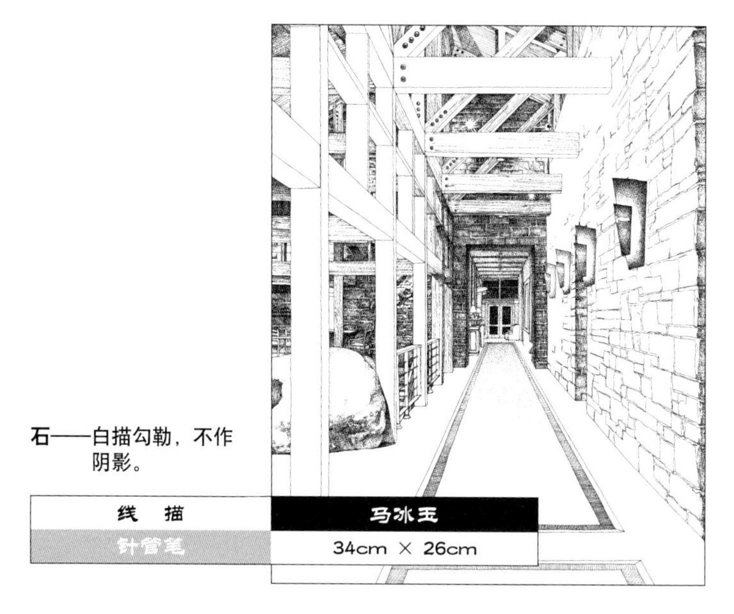

线　描	马冰玉
针管笔	34cm × 26cm

（五）基本要求

1. 透视准确，线条精炼，形体交待明确；

2. 概括光影变化，减少明暗层次，取舍中间色调；

3. 选择恰当的线条组合来表现黑白灰层次，注重线条的疏密关系。

线　描	涂　扬
针管笔	27cm × 39cm

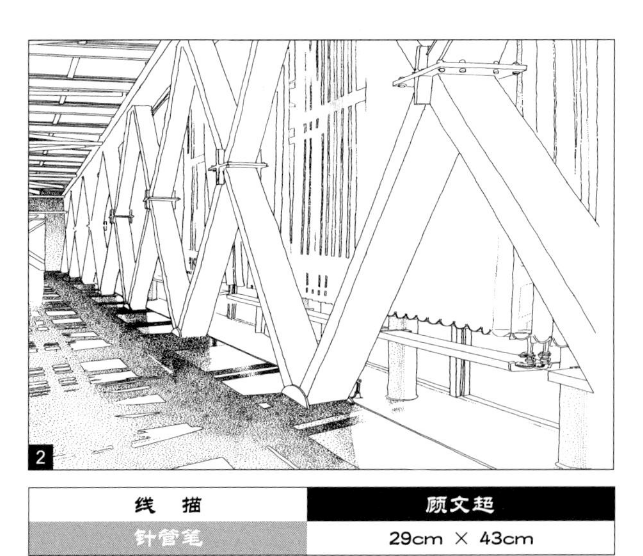

线　描	顾文超
针管笔	29cm × 43cm

线　描	张　华
针管笔	27cm × 39cm

线　描	陈赵军
针管笔	27cm × 37cm

>>> 线条短促细腻，突出表现不同物体各自的材质感，视觉效果强烈。具有类似徒手勾勒的魅力，具有一定的随意性和不确定性。

线　描	黄　泓
针管笔	33cm × 28cm

线　描	陈　群
针管笔	27cm × 39cm

<<< 线条随意生动，表现得无拘无束，像速写一样有活力。线描的方法都有相当强的表现能力和较大的灵活性，在草图的酝酿过程中，线的运用往往是不受拘束的自由表现。

线　描	陈　群
针管笔	27cm × 39cm

线　描	宋曙华
针管笔	29cm × 36cm

线　描	宋曙华
针管笔	23cm × 32cm

>>> 线条更具张力，精心于构图和画面黑白灰的处理。逐渐展现出对象的形体、比例、体积、质感等因素。

线　描	蒋伟华
针管笔	29cm × 21cm

线　描	王延君
针管笔	34cm × 26cm

线　描	叶　琪
针管笔	28cm × 36cm

<<< 线条表现为素描效果，通过线条组合来表现黑白灰层次，注重线条的疏密关系。

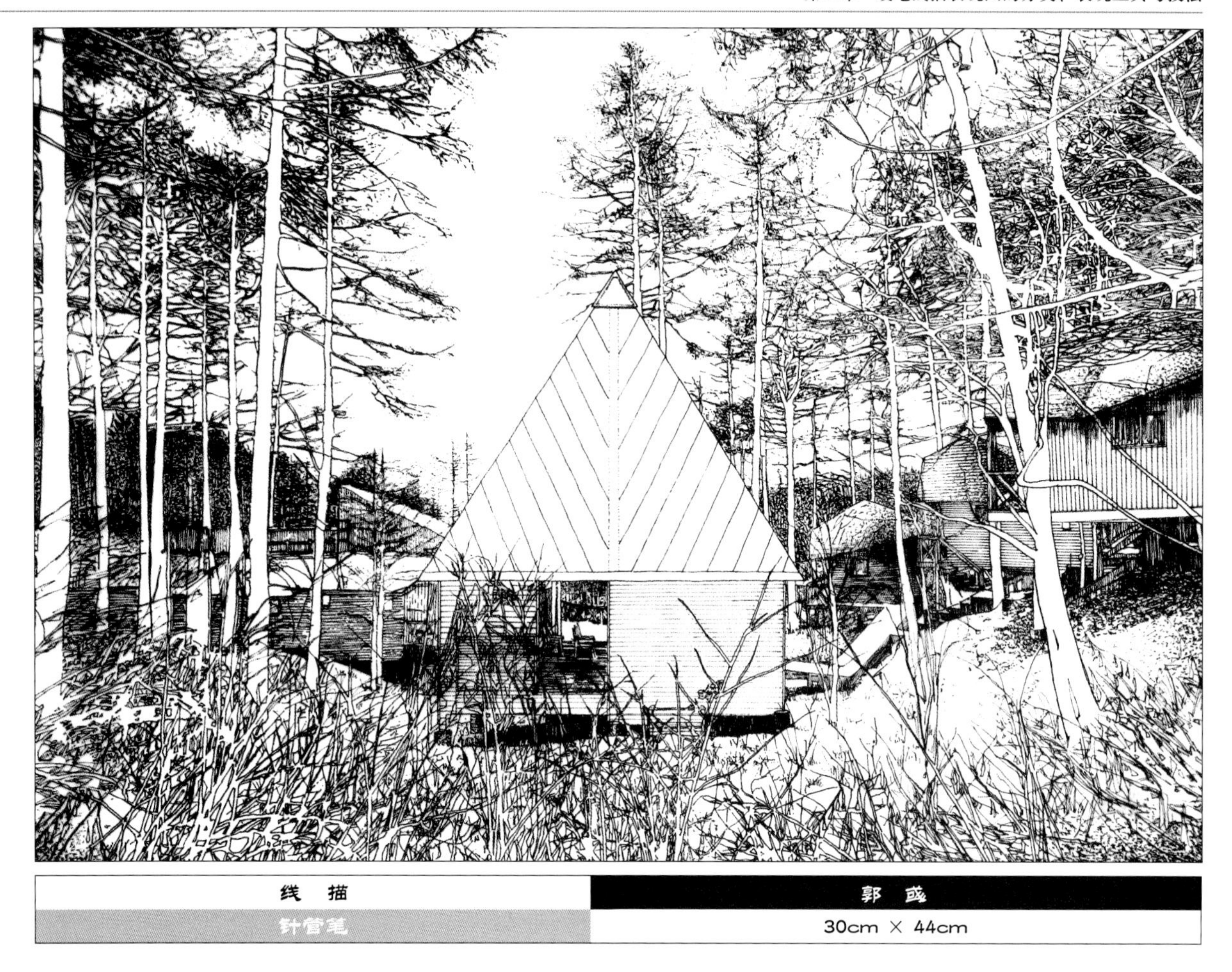

线　描	郭　盛
针管笔	30cm × 44cm

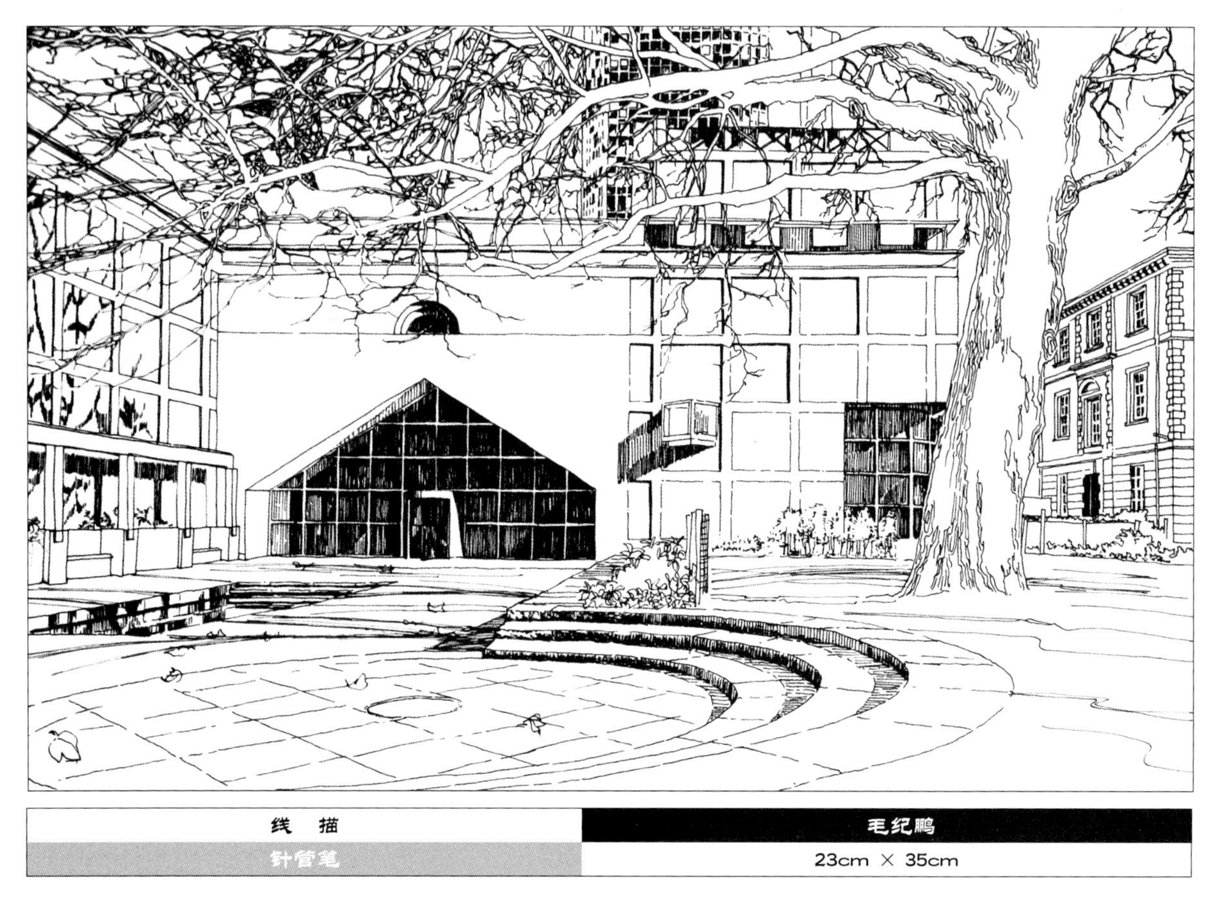

线　描	毛纪鹏
针管笔	23cm × 35cm

线　描	赖国雅
针管笔	36cm × 28cm

（六）铅笔线描

对建筑和环艺专业方面的学生来说，在入学之初，就开始使用铅笔素描，对铅笔的特性也有了一定的了解。铅笔的表现力是很强的，尽管铅笔建筑表现图与素描的要求有所不同，它更多的是使用尺规作图而不是素描中的徒手方式，但是铅笔的使用方法和原理与素描是一致的。在表现图中，要注意对铅笔软硬度的选择，常用的型号是 2H、HB、2B 几种。与钢笔表现不同的是铅笔中色调的深浅与用笔的力度有关，用力大则画出的线条颜色深，反之则浅。色调变化的丰富正是铅笔表现的一大特点，而线条的浓淡也是铅笔表现的重要方面。

建筑表现使用铅笔笔芯的削法有圆锥形，还有铲形。使用各种软硬不同的铅笔和运笔力度，可以产生各种不同的深浅色调。这种运笔力度的控制与掌握是要经过长期的训练才能达到的。

（七）钢笔线描

1．钢笔线描工具

硬笔，包括钢笔（或美工笔）、铅笔、绘图笔（针管笔）、特种铅笔、炭笔等。三角尺或直尺。

美工钢笔可以使线条富于变化，用于速写最佳。绘图笔（针管笔）要选用质量好的。钢笔的线条肯定、清晰。此外，钢笔线条易于复制，便于长期保存，因此备受青睐。实际上，尽管钢笔在表现色调方面不太容易，但经过仔细地对线条和点的组织仍然可以表达很丰富的内容。

渲染的颜料可以视采用的方法分别选用水彩颜料(包括透明的照相水彩色、水彩笔专用的水性染料等)、墨、墨水、彩色铅笔、水溶性铅笔等。

由于使用笔的种类较多，因此派生的表现手法也很多。作为训练，我们只要求掌握最典型的两种表现手法：钢笔（或铅笔）勾线后的素色渲染和勾线后的彩色渲染。与单一的线描表现技法相比，这种技法在表现空间气氛以及材料的肌理、质感方面更具优势。这也是我们学习线描渲染技法的重点所在。

钢笔线条基础训练要点:

1-1. 线条是钢笔画的主要形式。线条的粗细与钢笔密切相关。

1-2. 对针管笔而言，无论是建筑主体的尺规线，还是配景的徒手线条。在白描技巧中，重要的是线条的流畅。

我们常备的针管笔型号有 0.1mm、0.2mm、0.4mm、0.6mm。

针管笔容易堵塞，如不常使用，用后可把笔浸在清水杯中，发现墨水不畅时，及时清洗。针管笔的墨水应选用专用墨水，墨水质量差会在画时下水不畅，易堵笔。一般建议用红环或斯德罗等进口牌子的笔和配套墨水。

2．钢笔线描纸张

硬笔对纸张的适用范围很广，几乎所有纸张都能使用，质地比较粗糙耐磨的有水彩纸、布纹纸、牛皮纸等；其次是素描纸、制图纸；最为光滑的要数铜版纸、卡纸和硫酸纸。质地越光滑，适用的笔类越少。

铜版纸仅适用于钢笔和针管笔。因此，我们可以根据所要描绘的空间特性以及材料肌理质感来选择合适的纸张。

在硫酸纸上作图，效果强烈，表现灵活。在作图过程中万一不小心画错，还可以用刮刀把错误的线条去掉。既方便又不影响整幅画的效果。

在白纸或有色卡纸上作图，要做到的一点就是下笔前要心中有数。如果作图觉得没有把握的话，可以先用铅笔打底，基本准确后再用针管笔。

3． 钢笔线描技法

3-1. 单线

运用单线，它本身是完整的，能充分表达出设计意念。

3-2. 素描

绘画笔线条具有很强的表现力。在单线的基础上，使用疏密不同的点，或是以横竖斜线来组合表达光影透视关系和体块空间关系。只要抓住材质肌理的特征，哪怕是黑白的表现图，也能够精细入微地表达设计的理念。运用不同的钢笔线条组合可以表现各种材质。如砖、石、木料及玻璃等材质通过线条的不同组织方式可以生动得表现出来。在作图过程中要塑造物体的体量、立体感、空间感，各种表面材料的质感，建筑本身的形象及周围环境。

针管笔作画尽管是单一的颜色，但画面的风格较为严谨，细部刻画和画的转折都能做到很准确。有一种特殊的严谨气氛。

它的工具材料简便，以单纯的黑色线或其他颜色组成简洁朴素的画面，并用以少胜多的单色，发挥它独特的艺术魅力。

针管笔画法以点、线、面的结合，表现建筑物及配景，以简单的白、灰、黑色相，重点刻画其主要因素，以略具抽象的形式，逻辑性地表现建筑画的主次物象。

针管笔因墨水色感一致，只有粗细及色块大小的区分。如果以笔触来表现时，要求用密度法来表现，若用黑、白对比，则应加重其黑白对比度。比如大窗大笔触，小窗全涂黑，使画面黑白分明。

3-3. 构图

运用透视几何，按照画面大小进行整体构图。运用均衡与配景的原理方法，确定大致的配景组合关系。

3-4. 配景

由于针管笔线条不易修改,正式的作图步骤应按由近及远的方法进行，即先画场景中近处的、前面的，后画远处的、被遮挡的。具体方法可先用0.2mm的针管笔，参照自己收集的资料，绘制人、树、车。局部轮廓可用0.4mm或0.6mm的针管笔适当加粗。

3-5. 主体

依照设计意图，用0.2mm针管笔画出外形与细部轮廓线。再按线条深入刻画，主体部分可适当加粗。

3-6. 细部

描绘建筑主体之门窗、入口等重点刻画部分，包括对街景、人物、树木、车辆等环境构成因素的深入表现，进一步调整画面。

4.　钢笔线描表现

4-1. 配景

建筑画所要表达的是某一个建筑物或组群在特定环境下的主题气氛与效果；它们是通过各种构成要素的有机调度和处理而综合表现出来的；它们主次分明，互相衬托，相得益彰。

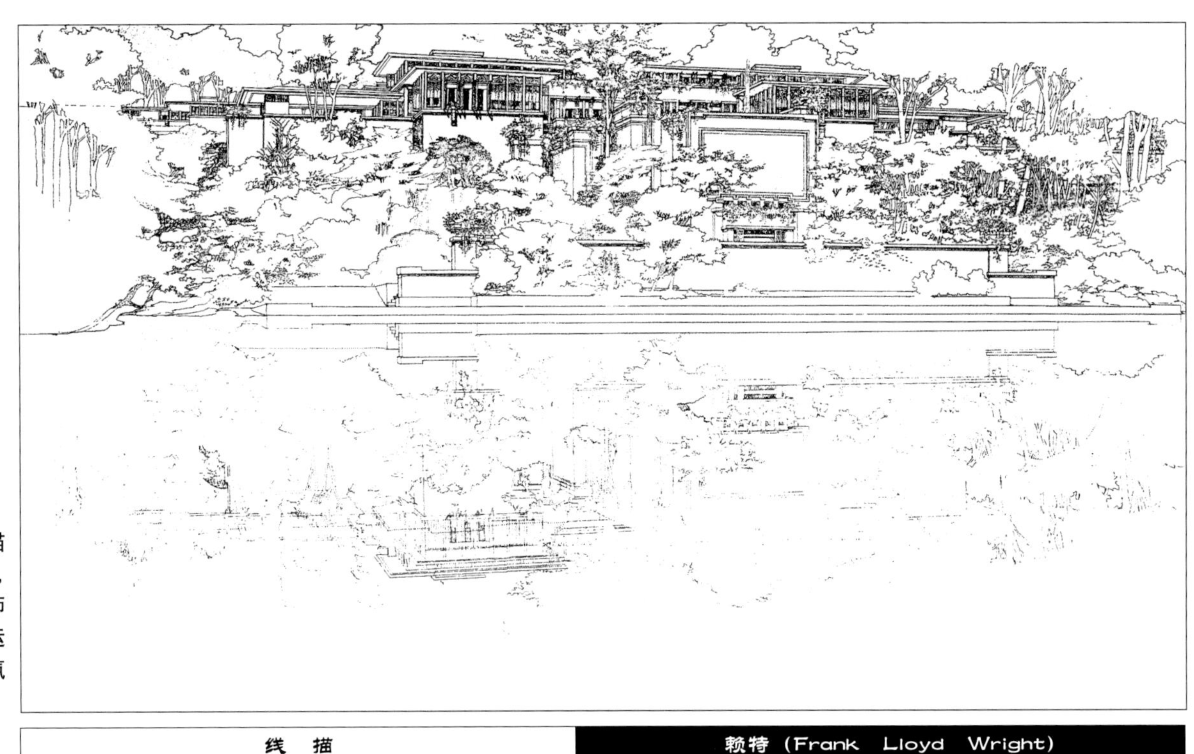

>>> 硬笔线描表现图风格严谨，图中可见建筑师对线条的娴熟的运用以及对环境氛围的把握。

线　描	赖特（Frank Lloyd Wright）
钢　笔	20世纪20-30年代

在建筑画中，除重点表现的建筑物是画面的主体之外，还要有大量的配景要素。建筑物是建筑表现画的主体，但它不能孤立地存在，须安置在协调的配景之中，才能使一幅建筑表现画渐臻完整。所谓配景要素，就是指突出衬托建筑物效果的环境部分。

协调的配景是根据建筑物设计所要求的地理位置和特定的环境而定，常见的配景有：树木丛林、人物车辆、道路地面、花圃草坪、天空水面等。也常根据设计的整体布局或地域条件，设置些广告、路灯、雕塑等，这些都是为了创造一个真实的环境，增强画面的气氛。这些配景在建筑表现画中起着多方面的作用，能充分表达画面的主题气氛和效果。

配景可以显示建筑物的尺寸，要想判断建筑物的体量和大小，需要有一个比较的标准，人就是这个最好的标准。因为人的平均高度是1.6米—1.8米，有了人的身高的参照，也就显示了建筑物的体量和大小。配景可以调整建筑物的平衡，可以起到引导视线的作用，能把观察者的视线引向画面的重点部位。配景又有利于表现建筑物的风格和时代特点。利用配景又可以表现出建筑物的环境气氛，从而加强建筑物的真实感。利用配景还可以有助于表现出空间效果，利用配景本身的透视变化及配景的虚实、冷暖、可以加强画面的层次和纵深感。

4-2. 配景的基本要素

4-2-1. 天空、云

每张室外透视图都少不了天空，天空是透视图中表现时间和气候的主要因素。晴天白云，使建筑物显露在强烈的日光之下，有闪烁夺目之感。朝雾晚霞使建筑物淋浴在彩云之下，深沉稳重。

除鸟瞰图外，画室外透视图，天空常在画面上占较大的面积，故天空的配备，应与建筑物起呼应作用。

天空着色一般的规律是：离人眼越近颜色越纯，明度就越低，而离人眼越远的天空，颜色越淡，明度偏高。

画天空会经常碰到画云，云的形状是随着天气的变化而千姿百态。有时，云彩也可作透视表现，即与建筑物向同一方向消失，使画面有很强烈的透视感。至于云的色彩，在表现画中不必过分强调，重要的是明度关系，其目的是突出衬托建筑物的表现。

在表现图中通常天空是阳光灿烂的，所以勾画云的轮廓线应轻松，只要根据云的体积关系，紧扣明暗交界线，在暗部略加线条，即可勾画出云彩的感觉。不管用什么方法，天空最好画得越松越好，这样比较透气。云由水气组成，色成白色，云同样有受光和背光面，只是变化微妙。云的流向和透视应与建筑物相配合。常用的方法是 S 型和放射型，或跟建筑物的透视相一致，用笔方向考虑云的流动方向。

云的画法有很多。有实有虚，所谓实即根据体积关系，用排线画出云的量感。虚则用简单的线条勾画出轮廓而已。总之，云的大小要适宜，聚散有致，自然柔和，虚实结合。同时能更好地衬托出建筑物。

4-2-2. 墙面（玻璃幕墙）、门、窗

建筑物的墙面可分为：大面积的玻璃墙面（玻璃幕墙）、大墙面小窗、实体墙面水平条形窗等。玻璃墙面求其光影表现，实体墙面应注意本身体量的质感表现，实体墙水平条形窗应注意阴影效果。

实体墙面由于施工方法不同，使用材料不同，就有不同的形式和特点。

❶ **清水墙**：不粉刷，质地较粗而无光泽，表面有规则的砖块划分，先用笔画出砖缝线，注意线的虚实，继之用排线或点的方法，画出砖的肌理质感。如要画得生动，则可在砖的破损处多下功夫，在统一的素描关系下，画出砖的沧桑感。

❷ **涂料等平滑墙面**：墙面光滑采用排线或点表现。

配景的运用对于环境氛围及主题的表现是至关重要的。

钢笔淡彩	赫尔穆特·雅各比（Helmut Jacoby）
钢笔、水墨、喷枪	1997年

❸ **玻璃幕墙**：通常分有色、无色两种。有色的有蓝色、蓝绿色、灰色等；无色则为透明玻璃。玻璃幕墙也分明部和暗部。明部为天空色再灰些，前面的上部分则比天空色亮；暗部比天空色深，同时前后有些退晕。玻璃既是透明体，又是反射体。所以要画室内的灯光、人物或室内结构，又要画周围建筑物、树及建筑物之间的反射物。室内结构和人物用线加密加重，因为处于暗部，也可根据画面需要，人物只勾画轮廓，而周围建筑物、树的反射尽可能只勾画轮廓，用简单的排线画出反射建筑物及树的明和暗。由于玻璃幕墙是一块块组成的，所以反射建筑物的竖线应该有些曲线和错位，而圆形幕墙的反射建筑物应该变为长条

形。蓝色和无色玻璃幕墙都可以用以上这种方法来画。但无色幕墙，更强调表现出室内结构和人而作的透明度。至于蓝绿色和灰色玻璃，一般是作为分层线和装饰线。所以整个幕墙全部画好后，再加强暗部及明暗转折处，使素描关系更强烈。

门通常是指主入口，在表现画中是应该强调的。所以，主入口首先是人物多些，要分清主次勾画，不要每个人物都面面俱到。如果整个层面都是商场的话，为了更好地表现其商场的热闹气氛，故要注意勾画一些渲染气氛的器物，如气球、条幅、广告等，而门侧外景、人物多些以示主入口。最后画分格线。

窗的画法基本和玻璃幕墙的画法相同，只是窗的颜色比墙面色更深而亮部更亮。

4-2-3. 人、车、树

4-2-3-1. 人物

人物表现在于使造型富于动感，衣服的用色及光线十分重要。建筑画中画人物有如下目的：一是贴近建筑画人，可显示建筑物的尺寸；二是可增加画面的气氛和生活气息；三是通过人物的动态可使重点更加突出；四是远近各点适当的配置人物，可增加空间感。人物的动向应该有向心的“聚”的效果，不宜过分分散与动向混乱。

在画人时，可将人体理解为若干体块的组合。人体的各部分之间存在着一定的比例关系。掌握好这个比例关系，是画好人物的重要因素。按照人体的比例画法步骤，同学们就可以避免画出来的人是畸形的了。

一般在表现图中的配景人物，最常见的形态是站立和行走，基本站姿的人物画法有正面、侧面、背面三种。行走姿态人物画法在站姿人物画法的基础上，调整一下手和腿的动态即可。对远景人而言，一般取站姿，用笔上宜简练一些。而近景人，则注意刻画一下人物衣饰。至于较大的能分清容貌的近景人，应根据画面需要来确定。

人的高度一般为1.7m左右，建筑表现画一般的线点，是以人的视线来确定的，特殊的除外（如鸟瞰图）。所以不管远景人物、中景人物、近景人物，他们的头部基本在一条水平线。当然人有高矮，总有高差，但不会偏差很大，而人的头部大小决定了人物所在的位置。人以头部为一单位，全身共7个半头长。人物一般分远景、中景、近景。远景人物头部较小，较概括；中景人物的头部较大，身高按7个半头的比例来画，头部和远景人物的头部在一条线上，只是身体长些；而近景人物则头部更大，身体按比例更长。但是中景人物和近景人物要求画得细些，动态、衣服式样比较清楚，明暗分明，男、女、小孩有别。

4-2-3-2. 车辆

静止的建筑物，缀以运动着的车辆，使画面增加了动势和生气。造型新颖、色彩华丽更可增加车子的速度感。画车子的困难在于角度的变化及行进感，所以一定要注意比例和透视方向。

现代车型设计有二个特点：一为流线型，二为水滴型。流线型使车的外轮廓线呈圆弧状，水滴型使车在整体表现为前低后高，车窗稍向前倾斜。总之，画车应该把握大的形体关系，再按车型不同对车身的倾斜关系作局部的调整。

车一般画轿车，尺度在1.5m左右，比人低，中巴、大巴比人高很多。中巴、大巴的形体是长方体，轿车的形体是两个长方体叠加在一起。除形体外就是画透明玻璃和车中人物，再是画车轮、保险杠、车灯、牌照以及反光镜等，最后画较深的投影。车不管在什么位置，尺寸都必须和人在相同位置呈一定的比例。车一般只画中景和较近的中景，很少画远景和近景，因为尺度和透视很难掌握。

4-2-3-3. 树

树木是表现大自然环境的主要内容，人们对它有特殊的偏爱,它是美和富于生命力的象征。树木作为透视图的配景而点缀充实了建筑表现画的内容。

在建筑画上，树对建筑物的主要部分不应有遮挡。作为中景的树木，可在建筑物的两侧或前面。在建筑物的前面时，应布置在既不挡住重点，又起到增加建筑物空间感的作用。色调和明暗与建筑物要有对比，形体和明暗变化应大大简化，前景树不应挡住建筑物，同时由于透视关系一般只画树杆和少量枝叶，起框景作用。

树一般最高尺寸为三至四层楼高。树的种类很多，有梧桐树、南方的棕树、北方的冬青等等，但不管是什么树，总是有受光部分和背光部分。按照主光的方向，先抓住明暗轮廓线画出暗部再画亮部，最后画树枝。至于轻重比例一定要根据画面关系对比而定，如梧桐树基本呈圆形，在画好树的球体关系前提下，画些树叶或强调枝干的转折和肌理。

一般把树分为三类：枝干树，枝叶树，体形树。这不是基于植物学意义上的划分，而仅仅是一种行之有效学习方法上的编排。

枝干树：以表现树的结构元素为主，用树枝和树干来表达树的形体特征。冬天里落叶的乔木就是枝干树。画小枝时要注意树的整体外形，外形一般呈圆弧形。树的细部非常重要，在作画时要注意小枝的分叉方式。

枝叶树：以枝干树为基础，在树枝末端画出树叶。初春发新叶的乔木就是枝叶树，树形结构可按枝干树的画法画。枝叶树一般用于铅笔与彩色画法。

体形树：体形树多以主干、枝干和树叶通过

组团关系分出树形,按照表现方式分为两类：

❶白描：以勾线的方式表现丛生的树叶。按枝干树的结构画法，画出大枝，控制好树形。

❷素描：以素描的关系表现树的体量。

1. 注意树的整体与细部的变化。

2. 表现树叶要有正确的笔触和运笔的方向。

总之，人、车、树在表现画中主要是起到显示建筑物的尺度，同时增强画面气氛和远近距离的空间感。

4-2-4. 草坪、路、台阶、花饰、地面、水

画草坪时要注意草的亮部形状，暗部加重衬出草形，同时用“抑扬顿挫”的笔法画出草的翻卷。大片的草地要抓住大片的暗部加重衬托，远景式的草地多不作明确的分界；画草地时应加重针管笔的垂直笔触，可表现草坪真实的生长感；大片草地可加重树的阴影，使之不至于太单调。

台阶一般是上部受光较多而亮,竖面部分较浅。

花饰、地面一般面积较小，常设在水池和主通道口。

地面往往因面积较大,有时用建筑物和树木的投影投射在地面上,斜直线条或弧形圆点的投影，美化了平淡无奇的地面形象，增添了规范化平直的街道的路面气氛。又可利用建筑物和其它配景，反映到地面上的倒影造成深浅对比的光影和缤纷相映的朦胧色彩，使平整无华的地面显得别有意味，但倒影的形象要注意阳光投射方向，不宜画得太强烈。在表现路面的同时，应铺以合乎透视关系的横、直平行直线，与建筑物消失同一点上，可增加画面的空间透视。

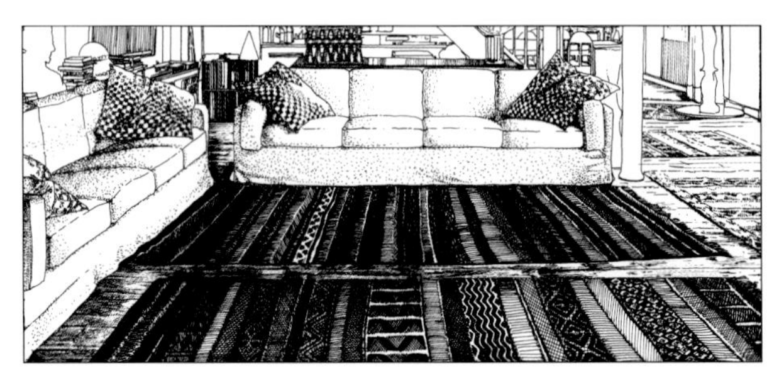

水在表现画中分湖水和水池两种，湖水受风的影响，使倒影扭曲变形；而水池为游泳池和喷水池，有带状涟漪，又亮又深，注意光在水中的投射变化。

4-3. 肌理质感表现

在建筑表现图的绘制中，建筑主体及环境物体表面质感的表现是一个重要的内容。这里的质感是指建筑或其他物体表面所用材料体现出的一系列外部特征，包括色彩、肌理、工艺特点和连接形式等方面。现实中所涉及的材料质感千变万化，我们所采用的表现技法也各有所长，即使对于同一种材料的表现，表现手法也

是各不相同的。因此，很难将各种材料的表现技法一一列举，只能介绍一些常见的材料及其特征。初学者可以在掌握了一定的表现技巧后，举一反三，并且在实践中摸索出更多的表现技巧。

在建筑画中，对材料质感的表现，关键在于对材料的色彩、纹理和反光程度的把握。各种不同的建筑材料之间的差别，主要就是这三者之间的差异。从这一点出发，我们来分析一下主要的建筑材料。

4-3-1. 墙面

建筑表现图中最为常见的墙面分为水泥墙面和粉墙面。水泥墙表面一般呈中性灰色调，毛糙而无反光；用模板现浇的结构在拆去模板后留有明显的板缝线。在正确表现透视时，用交叉排线在阳光投影部分表现，亮部只画出轮廓线。

粉墙俗称白灰墙，即由砖墙外抹灰而形成。表现时可用交叉排线表现粉墙阴影及界面，如是老建筑则可露出一部分砖墙，画出墙面在砖墙上的投影。

4-3-2. 砖墙

清水砖墙的表面质感粗糙，几乎没有反光现象，有明确的固有色。砖块的堆砌有明显的规律性，但砖块之间的色泽有差异。砖墙的表现是基于上述特点，先用笔据光影关系，画出砖缝线，再用交叉排线或点表现肌理，一般排线和点都在阴影部分表现。如果画面上表现的砖块比例较大，除了表现出砖块间色彩的差别，还要注意表现出砖块与接缝间的空间厚度，甚至在一些砖块的表面画出砖块的受光面和接缝的投影，以加强表现的真实感。

4-3-3. 大理石与花岗岩

现代建筑表面常用大理石或花岗岩等石材贴面装饰，这些石材通常经过抛光加工，表面平整如镜，光可鉴人。大理石与花岗岩的种类很多，色彩也很丰富。在表现上，首先按照这两种石材的

光反射关系，画出石材的素描关系，再适当画出石材的肌理纹路。

4-3-4. 毛石墙面

毛石墙面的表面粗糙，起伏较大，色彩变化丰富，总体上呈现出石质的灰色调，表现时，可先画出石块接缝线，由于石块是天然的，须注意大小不一，不要画得过于工整。肌理表现则要注意毛石的表面凹凸，抓住暗部用排线勾涂，亮部的一些小凹凸可用点，点出虚实关系。

4-3-5. 玻璃

玻璃的种类很多，在建筑中常用的有各种幕墙玻璃，包括镀膜的镜面玻璃、有色玻璃、透明玻璃、磨砂玻璃等。要在建筑表现图中正确表现出这些玻璃的区别，关键在于表达出这些玻璃的透明和反射光线的程度。

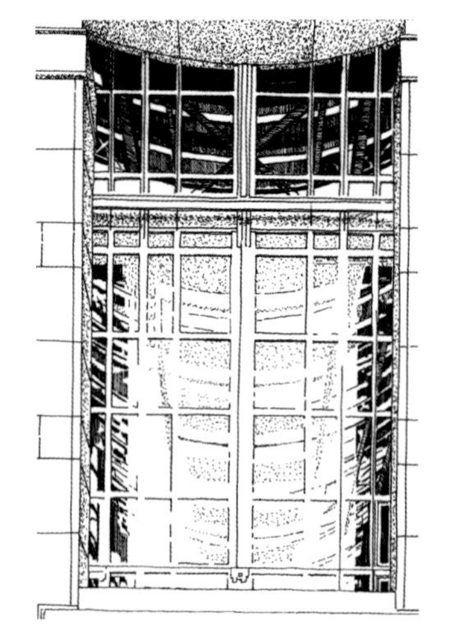

镜面玻璃反射能力最强，能充分反映周围景象，明暗对比强烈，镜面玻璃的表面实际上也就是周围环境的表现。在表现中可稍比周围环境景象弱一点；在转折处常常有强烈的高光。如果表现大面积的玻璃幕墙，则应当注意先画出玻璃反射的景物，后用线条勾出玻璃的框架和边线。上色时要注意用笔的方向与结构以及光线的角度。

透明玻璃的表现，关键在于描绘透过玻璃所看到的景物。如在描绘大面积的玻璃窗时，往往把室内的天花、墙面、灯具等物都隐约表现出来，只不过对比的程度弱一些，颜色灰暗一点。这样玻璃的透明质感也就表现出来了。透明玻璃在某一角度时会有反光，不过这些反光要比镜面玻璃的反光弱。

有色玻璃中也有反光较强的镜面玻璃，在表现这类玻璃时，要注意的是在画出周围景象的同时，要带上一定的色彩倾向，与周围的环境区别开来，对比度要比无色的镜面玻璃更弱一些。另外一类是透明的有色玻璃，在表现这一类有色玻璃时，要注意到玻璃内部的景物要统一在一个色调中，以表现出有色玻璃的质感。

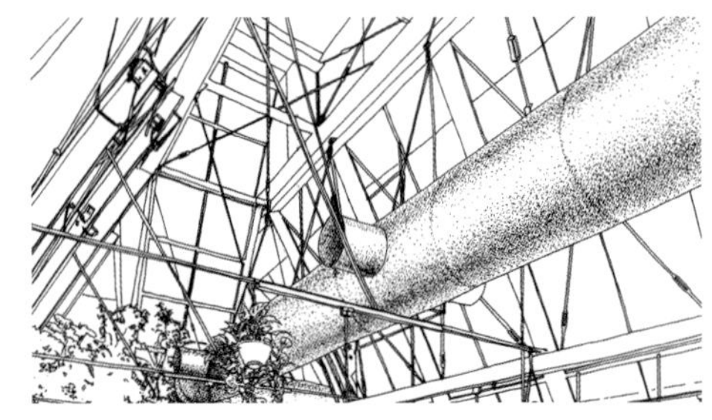

4-3-6. 金属

不锈钢与镜面玻璃有相似的特点，它也有极强的反光能力，能充分反映周围的景物和环境。而且反射景物的对比极强，黑白反差大。它的色彩基本上是环境景物的色彩。它的一个

重要特点是反射的景物会发生变形和扭曲。尤其是圆柱体外层的不锈钢贴面，反射的景物都呈弧形，在材料的亮部有极强的高光。与不锈钢表现类似的还有抛光铜的表面，只不过在描绘时还须加上铜本身的色彩倾向。

铝合金的表面有亚光和抛光之分，抛光的反射光线能力与不锈钢相仿，在表现上也一样，只不过比不锈钢稍弱；亚光的铝合金则不像镜面不锈钢那样反射环境景物，黑白反差也较弱。实际表现中应注意描绘材料转折处的高光。

4-3-7. 木材

木材最明显的特征是它自然的纹理和偏暖的色调。上过清漆的表面有一定的反光能力，但远不及镜面不锈钢和玻璃等，只是在材料的转折部位呈现少许高光。宜在木材的暗部以线的疏密排列，画出素描关系，再由虚实相同的长、短线表现木材的纹理，画出木纹，注意不同树种的纹理。

思考练习题：

1. 线描表现图如何表现材质的肌理？

2. 表现材质肌理有什么作用？

3. 配景的概念是什么？

4. 线描表现图如何正确表现空间？

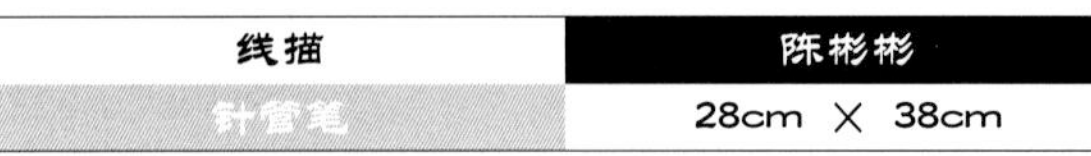

线描	陈彬彬
针管笔	28cm × 38cm

线描	陈　群
针管笔	30cm × 37cm

线描	戴旦
针管笔	28cm × 36cm

线描	费铮清
针管笔	30cm × 42cm

线描	黄 泓
针管笔	30cm × 42cm

线描	孔旷怡
针管笔	28cm × 38cm

线描	刘迪恺
针管笔	30cm × 37cm

线描	李亚迪
针管笔	30cm × 42cm

线描	任 齐
针管笔	30cm × 42cm

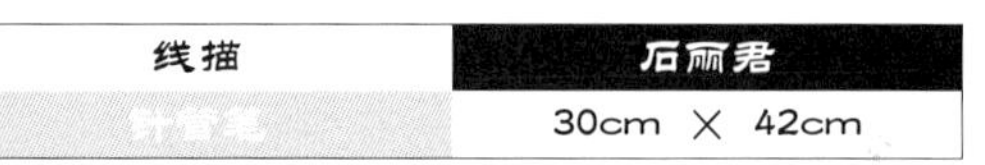

线描	石丽君
针管笔	30cm × 42cm

线描	谢沁韵
针管笔	30cm × 37cm

线描	罗　炫
针管笔	25cm × 27cm

线描	陆敏捷
针管笔	30cm × 36cm

线描	许 润
针管笔	30cm × 40cm

线描	余相毅
针管笔	22cm × 29cm

线描	孙天罡
针管笔	20cm × 38cm

线描	孙　艳
针管笔	23cm × 36cm

线描	孙　煜
针管笔	30cm × 45cm

线描	张　敏
针管笔	28cm × 36cm

线描	徐凌红
针管笔	30cm × 45cm

线描	邹艾嘉
针管笔	30cm × 42cm

线描	熊　涛
针管笔	27cm × 38cm

线描	叶 盈
针管笔	29cm × 35cm

线描	袁柳军
针管笔	23cm × 34cm

第三节　淡彩线描

（一）　淡彩简介

淡彩的练习我们可以在线描稿完成的基础上进行。淡彩渲染练习更加讲究画面的素描关系，因此具有一定绘画基础的初学者更容易掌握的。我们也可以把现阶段单色或素色类的渲染图理解为素描的一种，即用于表达空间的素描，是一种比较干净、比较淡雅的素描；而把该类的淡彩理解为带颜色的“素描”。

线描淡彩种类很多，有水彩马克笔，水溶性彩铅。线描淡彩的特点就是轻快、透明，线条明确肯定。作图时要注意的就是上色要保持透明和色调和谐。

针管笔淡色表现技法是一种用线条和色彩共同塑造形体的渲染法。现代针管笔渲染，线条只用来勾画轮廓而不是去表现明暗关系，色彩通常使用水彩颜色，只分大的色快，进行平涂或略作明度变化。

水彩色较薄，遮盖力较弱，属于透明和半透明色，可用于远景及淡色表现等。水彩水分淋漓、色泽透明，针管笔加水彩作画，能创造出很多理想的艺术效果，为某些画法所不及。

淡彩区别于水彩渲染表现的最大特征是淡彩注重画面的总体色调，而不像水彩渲染的是各种物体的色彩并深入地刻画，表现其真实的感觉。

（二）　画品与类型

线描（骨线）淡彩画是以线描做骨架，再施以淡彩的画。以线为主色彩为辅，故淡彩为宜。如果初学者掌握了铅笔或钢笔线描画又学习了水彩渲染、水墨或单色渲染技法，只要熟悉了作为线描的绘具表现性能，按形赋彩，就会画出轮廓清晰、色调和谐的建筑画。其类型有柔性线描画和钢性线描画。

柔性线描画：

（1）铅笔淡彩；

（2）炭精铅笔淡彩；

（3）彩色铅笔淡彩；

（4）中国毛笔墨彩。

这类线描可以画出浓淡粗细变化的骨线，毛笔还可将线画出“抑扬顿挫”的韵律来，中国画用笔还讲“晕、染、点”气韵生动，运用炭笔淡彩颇有国画格调。

钢性线描画：

（1）钢笔淡彩；

（2）木芯水彩笔淡彩；

（3）尼龙尖笔和针管笔绘制的淡彩、淡墨画。

这类线描淡彩讲究线的单纯统一。画面的主次物象远近大小，用线大致相同，近处的主要物体要用粗的线加重，以体现画面的空间层次感。建筑物用尺画，配景徒手勾线，树叶都要一片一片地画出。用色均采用透明水彩薄涂，有时用淡墨画成单色画，以工整清秀见长。

（三）各类线描淡彩画技法

这类画不论哪种画品，均有一个共同的技法规律，即线色结合的技法。譬如钢性骨线钢笔或针管笔墨线，适于先勾线后上色；而柔性线描，如炭笔淡彩最好是先上色后勾线，毛笔淡彩又可两种方法交替运用。

线描淡彩	高永超
针管笔、水彩颜料	28cm × 42cm

1．深线、淡彩、平涂

深线、淡彩、平涂是线描淡彩画常用的技法。画面以水彩透明平涂（也可适当变调），以深色线描统一画面。色彩淡雅，线条单纯，给人以清秀之感。此法所表现的物象的轮廓结构清晰明确，建筑物及平面形象用仪器或尺勾线，配景均徒手勾画、渲染、平涂。世界著名的建筑画家H·雅各比和鲁道夫的作品，是这种技法的典范；（详见名师作品学习章节）还有天津大学彭一刚教授的钢笔淡彩画，画风严谨、技法精湛，造诣很深，颇受各院校师生的欢迎。

>>> 在线描稿子的基础上加上淡彩的表现能够加强氛围的表达和材质的表现。

线描淡彩	高永超
针管笔、水彩颜料	28cm × 42cm

2. 多色线、线面结合

以多种色线交替使用，又以线面结合，略作明暗层次，线条近似物象而偏深色。线色的运用方法与上述深浅淡彩平涂法基本相同。

3. 先上色后勾线

上色前，先以铅笔画出细致精确的物象轮廓，轮廓线色可稍深，以防上色后被覆盖。上色时按水彩渲染步骤填色，尽量填满轮廓的范围。由于基本采用平涂，外形规则的建筑物和参差交错、重叠并列的配景，难免有残缺斑驳的色彩痕迹和前后难分的色彩层次，则待色彩干后勾出线条，起着修整物象色彩和层次的作用，使原来凌乱纷繁、平淡无奇的画面跃然生辉，顿增神韵。用水彩薄涂的色层，便于勾线，不会产生底色渗化的缺陷。再用水粉颜料勾出亮线，会显得更精神。

4. 先勾线后上色

根据细致精确的铅笔轮廓线，勾出黑色或棕色线，待干后，用水彩画法平涂或渲染物象的色调；上色时，应工整严谨，以免色彩斑驳残缺。上深色时，更要谨慎，以免覆盖线条。因上水彩有水分，会把色层色线渗化（特别是木芯水彩笔画的线遇水很快渗化），所以勾线最好用防水墨水或炭素墨水。

上述两种方法，近似中国工笔画的勾勒法，线色都要求一丝不苟。当画一幅建筑渲染画或一幅建筑写生画时，上色和勾线的先后顺序，可根据画面的具体内容灵活运用，也可两种方法交替使用，如浅色物象，可先勾线后上色，深色则可先赋色后勾线，这样画面更生动活泼。

一般作图步骤是：

第一步，水彩纸上画好铅笔线稿；

第二步，天空地面；

第三步，建筑分面，加强阴影色度；

第四步，用工具画建筑物的外轮廓线、分体线、分面线；

第五步，用针管笔勾画配景灌木及草皮；

第六步，调整画面，天空与建筑明度接近时可再渲染一遍天空。

线描淡彩	孙天罡
针管笔、水彩颜料	27cm × 42cm

线描淡彩	陈殷舒
针管笔、水彩颜料	28cm × 36cm

线描淡彩	刘 玮
针管笔、水彩颜料	27cm × 42cm

线描淡彩	陈海韵
针管笔、水彩颜料	18cm × 30cm

线描淡彩	罗　炫
针管笔、水彩颜料	40cm × 30cm

（四） 绘图时应注意的问题

1. 一张成功的线描淡彩渲染表现图，它所依赖的条件是准确、严谨的透视和较强的绘画能力。由于透明水色属于透明性较强的颜料，因而准确生动的透视显得格外重要。画面要保持干净。

2. 在线描勾勒完成后，着色前，应先在头脑中想好空间的明暗层次关系，做到心中有数，作画时一气呵成。画面中天花板、地面、墙面所占的比重较大，因而它们的颜色直接影响到整个画面的色调，调色时颜色尽量要调准，争取一次到位。笔触的运用要做到准确、实用，把重点放在强调表达设计意图的关键部位。

线描淡彩	周海平
针管笔、水彩颜料	30cm × 44cm

<<< 一张成功的线描淡彩渲染表现图是建立在准确、严谨的透视和较强的绘画能力上的。

线描淡彩	潘日锋
针管笔、水彩颜料	27cm × 43cm

<<< 把重点放在强调表达设计意图的关键部位，把握好虚实关系。

3. 透明水色颜料本身具有很强的透明性，因此渲染的次数不能过多，最多覆盖二至三次。渲染的程序也是由浅入深，画浅了可以再加重，但把握不好画重了，要提亮就不太容易了。因而要先画浅色的背景，再画深色的家具、陈设。

4. 整个画面渲染完毕，可利用水粉颜料对重点部位进行深入细致的刻画。因为透明水色画法与其他技法相比缺乏深度，因而恰到好处的局部点缀可起到画龙点睛的作用。在绘制配景时，要考虑到周围环境并且要比例合适，否则会破坏画面的整体性。

>>> 虚实关系把握得很好，本身线描的勾画也非常到位。

线描淡彩	盛　洁
针管笔、水彩颜料	28cm × 41cm

>>> 淡彩的表现手法很适合表现别墅所处的环境，显得宁静清新，倒影的表现增加了寂静的感觉。对于主题与配景的虚实处理把握得很到位。

线描淡彩	孙天罡
针管笔、水彩颜料	28cm × 41cm

线描淡彩	涂　倩
针管笔、水彩颜料	40cm × 27cm

这是一张快速表现图。刻画的主题明确，线描勾勒的笔触较随意，然后用比较轻松的笔触和色块表达了建筑的明暗、材质。

>>> 色调轻松，而且作者明显对画面着重需要表现的内容非常明确，虚实关系把握得很好，突出了刻画的重点。

线描淡彩	张海建
针管笔、水彩颜料	28cm × 36cm

>>> 着重对饰物的刻画来表现室内氛围。明暗关系把握得很好。

线描淡彩	李甸
针管笔、水彩颜料	25cm × 32cm

线描淡彩　王玥

针管笔、水彩颜料　25cm × 36cm

<<< 配景的绘制是必要的，但要适当，要建立在整体性的基础上。

线描淡彩　杨海蒂

针管笔、水彩颜料　26cm × 36cm

线描淡彩	赵俊璐
针管笔、水彩颜料	25cm × 40cm

线描淡彩	周　伟
针管笔、水彩颜料	25cm × 40cm

线描淡彩	周海平
针管笔、水彩颜料	28cm × 36cm

淡彩的表现增强了画面的气氛。

线描淡彩	许　可
针管笔、水彩颜料	35cm × 45cm

线描有力，疏密关系把握得当，色彩轻松、饱满，变化丰富。对光影的把握也非常到位，是一张比较出色的作品。

线描	林天喜
针管笔、水彩颜料	25cm × 36cm

线描	王玲娟
针管笔、水彩颜料	30cm × 40cm

透视关系准确，线描严谨，色彩轻松明快，虚实得当，对建筑与配景的表现很到位，是一张比较出色的作品。

线描淡彩	赖国雅
针管笔、水彩颜料	45cm × 36cm

思考练习题及试卷：

1. 线描淡彩表现图的要旨是什么？
2. 线描淡彩的步骤是什么？
3. 如何完成一张好的线描淡彩表现图？
4. 试卷

考试时间：　年　月　日　　时间：150 分钟

准考证号：________　　得分：

第一部分　理论题（总分20分，考试时间10分钟）

填空题（每题 10 分，共 20 分）

1、硬笔线描表现图根据不同的表现对象分为以下四类：______、______、______、______。

答案：城市规划效果图、建筑单体效果图、室内效果图、风景园林效果图。

2、______、______、______是线描淡彩画常用的技法。画面以水彩透明平涂（也可做变调），以深色线描统一画面。

答案：深线、淡彩、平涂

第二部分　技能操作题（总分80分，考试时间140分钟）

附图是建于 1894 年的 Schlosshotel Kronberg，酒店位于德国法兰克福的 Kronberg。该建筑原是维多利亚皇后的寝宫，在 1953 年后改造作为酒店营业。

根据附图所示，Schlosshotel Kronberg 的一间豪华双人房，拥有大气的室内格调，表现一幅以酒店室内空间为主题的线描淡彩表现图。

要求：①透视准确，空间尺寸正确，深入刻画家具和室内陈设。

②画面协调，空间感强，艺术氛围。

③图纸规格及表达：A3 图幅（297mmx420mm），白色水彩纸。

④绘图工具：水彩颜料，水彩笔，铅笔，橡皮，尺，彩色铅笔、水桶，针管笔等。

Schlosshotel Kronberg
A double Large Room(Room121)
Frankfult Germany

第三章　训　练　与　提　高

第一节　向名师名作学习

名师名作的临摹练习是我们进行线描表现图创作的基础性训练。对作品的临摹对于有一定绘画基础的初学者来说比较简单，但是不能只是简单地描摹，而是要带着思考去临摹。通过对名师作品的学习，学会如何运用线条的长短、粗细、轻重，笔势的缓急来对建筑形体之间的来龙去脉作出准确表达，来塑造建筑的明暗、光影效果。各种材料的不同质感以及建筑与植物、配景的不同表现方式，同时要能正确运用透视原理来处理画面中不明确的形体。学习名师们对于不同的建筑类型的不同处理手法以及不同类型建筑所表现出来的不同的氛围。

对于名师作品的临摹要注意学习以下几点：

1. 要把握良好的空间关系。
2. 学习其中精彩、准确的设计表达。
3. 学习丰富的材料肌理的不同表达方式。
4. 把握完整的构图，和学习如何去选择有表现力的角度。
5. 学习名师如何塑造出生动的画面表情。
6. 学习配景的表现。

建筑是为人而设计的，所以表现图要体现生活 的氛围。配景在其中起非常重要的作用，通过临摹，学习名师们如何用配景来体现设计的氛围。

第二节　名师名作学习要点

在名师表现图的临摹练习之后，我们要进行一个阶段图片的研习。在名师作品中，各种关系都是已经处理好的，但是图片的内容是完全现实的。虽然真实，但没有经过感性的处理，因此在临摹过程中要求作者对作品作更多的思考、提炼和概括。

这一阶段的重点是用比较概括的线条来描绘和表达建筑主体、建筑的主要构造与细节以及建筑与环境之间的相互关系。效果图的真实是最重要的，但效果图是为了表现一定的建筑、环境而绘制的，所以需要经过一定的处理，把握主次关系，适当地舍略一些无关的内容。在作画过程中要注意的是用线条表达建筑主题的实质性构造，而不要被图片、照片表面的光影、明暗效果牵制。要充分理解建筑的空间形状、明暗、光影之间的有机联系，从比较中探寻诸要素之间相辅相成的变化规律，从而提高控制画面黑、白、灰层次的对比以及虚与实、强烈与微弱等素描效果的整体处理能力。在线条的运用上要注意疏密对比关系和线条本身的“抑扬顿挫”，以丰富线条的表现力。在表现构造节点等关键部位时尤其要表达清楚前后、转折和穿插关系。在遇到不易表现的体积和空间效果时，也可以辅以点和面等表现手法，丰富画面层次。图片拷贝练习中可能会出现透视不够准确、画面疏密处理不当等问题，这些都是练习中的常见问题。初学者不必为追求画面效果而从头开始，应该针对出现的问题在多次的重复拷贝中，逐步修正。

第三节　名师作品图片临习步骤

第一步，首先我们可以将图片复印处理，放大或者缩小，得到我们需要的尺寸的轮廓稿。在这基础上再将硫酸纸覆盖在轮廓稿上，勾勒出正稿的大致形体。在轮廓稿基础上，用针管笔、钢笔等将轮廓线勾出来。尽量在此阶段中把主体的形表现出来。

第二步，接下来是空间块面的塑造。整个画面要整体推进，这样更容易整体上去把握画面的明暗层次。用线条、点和面结合的手法塑造空间和结构，并加强画面的效果和气氛。

第三步，细部与配景的刻画。在图片的临摹中，细部和配景我们可以根据图片作适当增减，以突出画面的主题和均衡构图；同时也为建筑提供了一个比例的参考，这个阶段配景的练习将为下个阶段的创作积累经验。

第四步，在完成图片临摹的线描练习以后，我们可以选择一两张明暗关系、色彩关系比较好的作品图片进行淡彩着色的练习。淡彩练习我们一般用水彩纸。首先将轮廓稿覆盖在水彩纸，背面涂上铅笔，在水彩纸上拓印得出轮廓，然后完成第二、第三步的线描练习。在线描稿已经完成的基础上进行淡彩练习。淡彩与水彩渲染不同，它还是建立在线描的基础之上的。淡彩的上色不需要面面俱到，只要用大的色块将整体的空间关系表现得更明确，所以尤其要注意整体色调的把握。事先在纸上刷一层薄水彩色，以此方法获得一个基本的色调；然后再从暗部到亮部，丰富画面色彩，形成一个既有基本同色调，又有色彩变化的画面效果；最后可以根据画面的实际情况作一些调整。如果在上淡彩过程中不小心将原先勾勒的形体线条遮盖或弄模糊了，应当小心地用勾线笔勾勒一下。如果画面的素描关系不够强烈，也可以用硬质笔形成的点或面来加强对比效果。

第四节　拷贝资料图片

在拷贝图片时要做到：

1. 认识作品；

2. 认清空间关系；

3. 疏密的取舍与组织。

在动手绘制表现图前，我们必须读懂建筑设计图（平面、立面、剖面等），搞清所需表现的建筑形态、主要空间关系、细部构造及与周围环境的关系，最主要的是要领会建筑的设计意图，即想要表现一种什么样性质的建筑空间意境；是简洁明快的现代化高层，还是庄重严肃的纪念性建筑，或是活泼明朗的商业空间……或是兼而有之。总之，建筑的风格是多种多样的。能否恰如其分地把握设计者想要表达的意境是绘制表现图的关键所在，以后的一切表现均将围绕着这一中心展开，包括表现方法的确定、透视角度的选取、光影与色调的设置等，甚至极其微小的配景、陈设品的设置。“踱步在先，疾书在后”，古人早已道出了思考过程的重要性。

线描表现图技法训练的图片拷贝练习是临摹练习深入，步骤基本上与临摹练习相同，只是拷贝的对象通常是选用一些现成的建筑作品的图片作为范本，在拷贝过程中要求作者对作品作更多的思考提炼和概括。

这一阶段练习的重点，是用比较概括的线条来描绘和表达建筑主体建筑的主要构造与细节以及建筑与环境之间的相互关系等。在作画过程中，尤其要注意的是用线条表达建筑主体的实质性的构造，而切忌被图片、照片表面的光影、明暗效果牵制，在线条的运用上要注意疏密对比关系和线条本身的“抑、扬、顿、挫”，以丰富线条的表现力。在表现构造节点等关键部位时尤其要表达清楚前后转折和穿插关

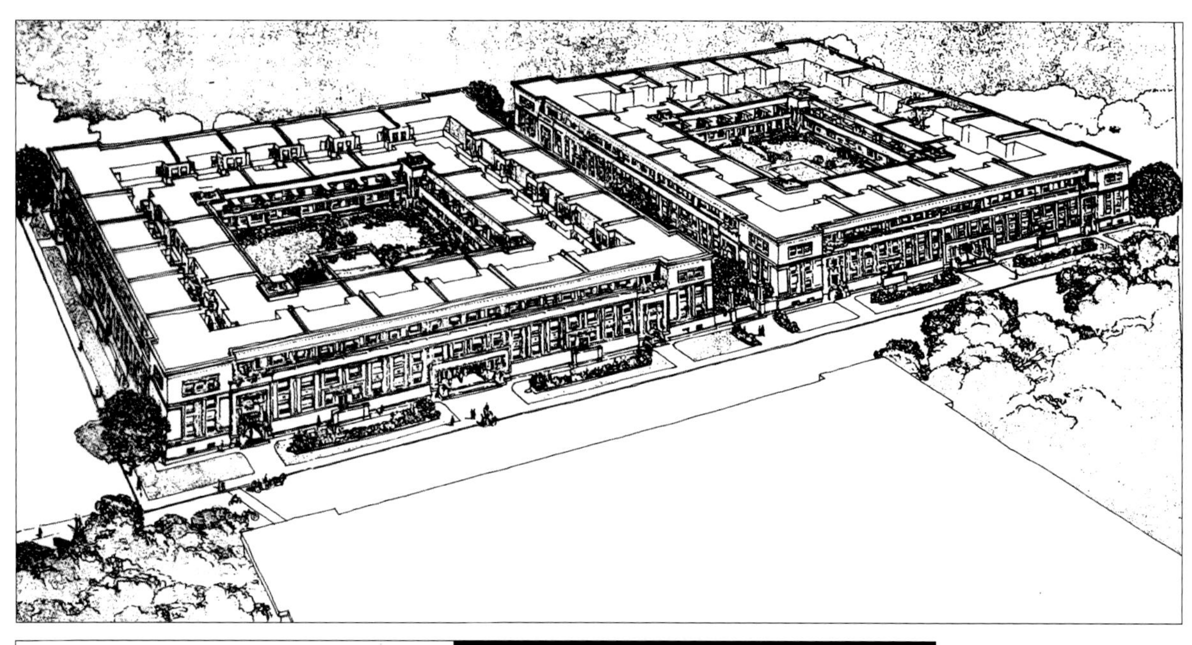

线　描	赖特（Frank Lloyd Wright）
钢　笔	20 世纪 20 — 30 年代

用线条表达建筑主体的实质性的构造。

系。在遇到不易表现的立体和空间效果时，也可以辅以点和面等表现手法，丰富画面层次。

图片拷贝练习在初始阶段往往会出现许多问题，如透视不够准确，线条不够精练，形体交待过于繁复，画面的疏密处理不当等等。这些都是学习过程中常见的现象，初学者不必为追求画面效果而从头开始“另起炉灶”。应该是针对所出现的问题，在第二次、第三次以至多次的重复拷贝的过程中，逐步修正。这样的学习方法比第一次拷贝出现问题后就转而拷贝另一幅图更有效。

线 描	赖特（Frank Lloyd Wright）
钢 笔	20世纪20—30年代

在线条的运用上要注意疏密对比关系和线条本身的“抑扬顿挫”，以丰富线条的表现力。在表现构造节点等关键部位时尤其要表达清楚前后转折和穿插关系。可以辅以点和面等表现手法，丰富画面层次。

线　描	赖特（Frank　Lloyd　Wright）
钢　笔	20 世纪 20 — 30 年代

线　描	赖特（Frank　Lloyd　Wright）
钢　笔	20 世纪 20 — 30 年代

第五节 作业要领

(一) 准确的设计表现

1. 要有准确、严谨的透视，这是一张作品成败的关键。如果透视给人的感觉不准确，往下的工作就会是徒劳。

2. 要掌握好画面的素描关系，只有素描关系处理得当，画面才能够有立体感，才能够表现出近实远虚的空间层次。

3. 要把握好色彩关系。这里所指的色彩其实也就是物体的固有色以及整个空间的色调，只有这样才能够把自己所要表现的物体的色彩、质感。准确无误地传达给对方。

这几点，其实也就是要画好效果图所必须掌握的绘图基础。没有扎实的绘图基础，不仅对于表现技法的学习造成很大困难，同时对于今后技法水平的提高也会产生很大的局限。

(二) 精美的构图和理想的透视角度

在设计意图明确、所要表现的内容确定的情况下，所面临的问题就是如何选取最理想的透视角度，绘出最精美的构图。这都是直接影响最后的画面整体效果。构图和透视角度不好，即使后面作画如何尽心，也是事倍功半。就像一个女人天生不丽质，纵然涂抹再多的妆粉，也是徒劳。

选取理想的角度及方法，同时绘制不同角度的透视小稿，进行比较、推敲，这样便于我们较快地寻找到合适的角度。

一幅好的画面要达到：角度合适，构图饱满，有张力，空间形体的表达合乎形态美的规律，完美的表达出设计意境。

(三) 现实空间的再现

不论哪种建筑环境效果图表现方式，都是对现实生活的再现。是把现实中的生活状态、建筑主体本身及环境放入到画面，从而直接和更直观地表达设计意图和理念。

1. 材料肌理的表现

在刻画墙面、结构细部之前，建筑主体与环境空间形象的主要色彩效果（包括色彩的明度、纯度、空间的光影等主要因素）必须确定下来，不再作修改。

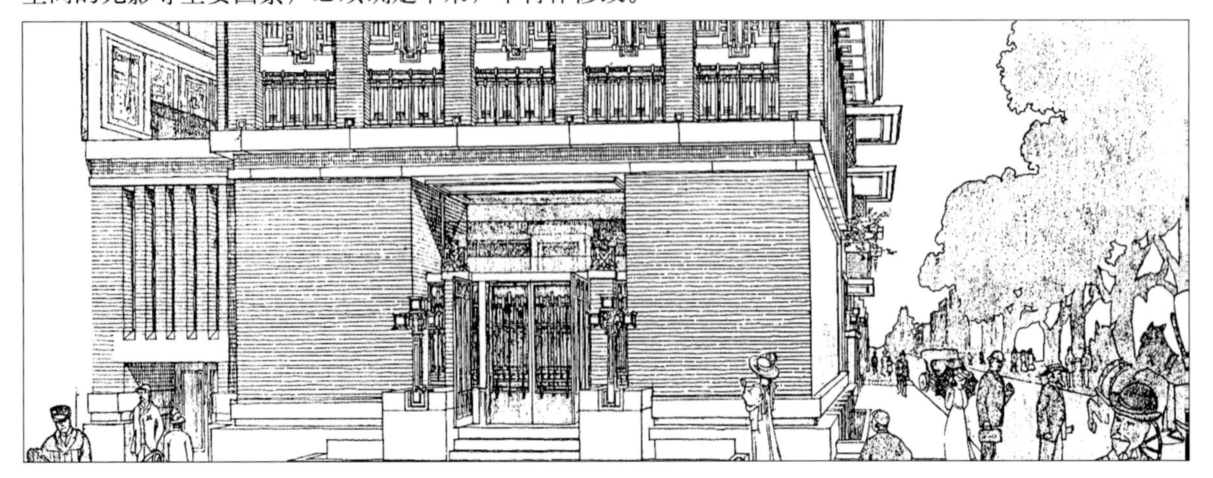

这样，各界面上的具体造型、装饰线脚及材料肌理、质感等的表现都可以围绕画面的整体效果展开。着手刻画墙面及主要的建筑构造细部。这时可根据建筑物表面的主要材料的质感来决定表现方法。如墙面是粗糙的毛石或砖墙时，用色可稍厚一些，笔触也可以明显一些。在表现这些墙面的质感的同时，还应注意墙面上下的明暗变化。一般情况下，墙面的受光面呈上淡下深的趋向；逆光面则呈上深下淡的趋向；而玻璃墙面则呈不规则的变化。完成了大面积墙面的铺色后，则要对其材质作进一步的刻画。如有缝线处则要按透视规律，刻画出缝线的位置和走向。

地面与环境是建筑物的最重要的衬托因素。一般为了有效地突出主体、衬托建筑，常常对建筑主体周围的其他建筑和环境作高度的概括和简化。色彩在画面上也常常与画面背景或底色的色相接近，明暗对比也大大减弱。而建筑主体附近的地面处理为了表现道路的纵深和透视效果，常常有意识地强调线条的运动和方向，用笔痕迹通常较明显。另外，这一类的线条在画面的构图平衡上也起到重要的作用。因此，地面的表现不可忽略。

2. 灵动的生活状态的表现

生活状态的表现要靠人物与配景物的点缀和烘托。

人物、汽车、植物及其他陈设物往往在一张画面中起着活跃画面、渲染气氛的重要作用，因此刻画好配景物能有效地烘托环境气氛，衬托建筑主体的体量和动势。而这些点缀物往往集中在画面的下部，且重叠较多。为方便塑造和描绘，更应遵循“由远及近”的原则进行描绘。表现人物和汽车时应注意透视关系与比例关系，注意虚实关系的处理。在近景的描绘中，人物和其他景物的比例较大，更需刻画得细致入微。不同类型的配景物所表现的空间特性是不一样的，须小心处理。

第六节　钢笔线描淡彩训练步骤

第一步　轮廓稿的制作

我们可以从图片或已经完成的作品中拷贝出线描稿，然后经过复印处理，得到我们所需尺寸的轮廓稿，或用描图纸对轮廓稿进行再次拷贝，目的在于使画面的空间关系更完整，细节更完善。在这基础上再将轮廓稿用拷贝的方法拓印在正稿纸上。拷贝方法一般是将拷贝纸（描图纸）背面用软性铅笔均匀涂黑（轻重程度根据画面调整采用笔类而定，一般不宜过深），然后用布或软纸将多余的铅笔炭黑擦去，再将拷贝纸固定在正稿上，用圆珠笔或硬性的铅笔将拷贝纸上的轮廓稿拓印在正稿上。在拓印过程中，要求轮廓稿不能有任何移位，这样我们就得到了所需的轮廓正稿，另一种方法是直接在正稿纸上画出轮廓稿，该方法技术要求较高，初学者经过多次训练，有一定把握后，也可尝试使用。

<<< 步骤图 1
线描勾勒正稿

第二步　线描勾勒正稿

在拓印完成的轮廓稿基础上，用硬笔（钢笔、签字笔、铅笔等）将轮廓线勾勒出来。在这过程中应注意把握线条的轻重缓急和前后穿插转折等关系。尽量在这一阶段将形体空间和环境等主体表现出来。

步骤图 2
空间块面、受光面和背光面的体积塑造。

第三步　空间块面塑造

在用线条表达形体和空间的基础上，还可以用点和面的手法加强画面的对比效果和表现力。点和面的造型方法有排线塑造和布点塑造两种，意在制造出不同程度的灰面，进而表达空间形体气氛，等等。考虑到画面的最后效果，该阶段应尽量不加修改，因此，无论是排线或布点，均需由浅入深（甚至留白），细致沉着地刻画，防止急躁。像素描练习一样，整个画面需要整体推进,这样更有利于画面效果的控制与调整。

步骤图3
细部与人物的进一步点缀刻画，把握画面的整体节奏感。

第四步　细部与人物点缀刻画

该步骤可与上一步同步处理，也可作为最后调整画面的手段。适当的人物，景物等点缀不但可以弥补构图或画面处理上的不足，平衡画面，同时也可创造出特有的气氛。

步骤图 4

调整画面，完成最终效果。

线描淡彩	袁柳军
针管笔、水彩颜料	40cm × 35cm

思考练习题及试卷：

1. 如何正确把握名师作品的特点？

2. 钢笔线描淡彩的步骤是什么？

3. 钢笔线描应注意哪些问题？

4. 试卷

考试时间：　　年　月　日　　时间：150 分钟

准考证号：__________　　得分：

第一部分　理论题（总分20分，考试时间10分钟）

填空题（每题 10 分，共 20 分）

1、对于名师作品的临摹要注意学习以下几点：①要把握良好的________；②学习其中精彩、准确的设计表达；③学习丰富的________的不同表达方式；④把握完整的构图，和学习如何去选择有________的角度；⑤学习名师如何塑造出生动的________、⑥____________。

答案：空间关系、材料肌理、表现力、画面表情、学习配景的表现。

2、硬笔线描淡彩训练步骤，分四步：第一步____________、第二步____________、第三步____________、第四步________________。

答案：轮廓稿的制作、线描勾勒正稿、空间块面塑造、细部与人物点缀刻画

第二部分　技能操作题（总分80分，考试时间140分钟）

临摹一幅美国著名建筑师弗兰克·劳埃德·赖特（Frank Lloyd Wright）的硬笔线描表现图。

要求：①建筑构造，相关构件及其“间连关系”，表达清晰准确。

②透视准确，空间尺寸正确。

③画面协调，空间图感（构图与配景，黑白灰关系）。

④图纸规格及表达：A3 图幅（297mmx420mm），硫酸纸（80 克以上）墨线绘制。

⑤绘图工具：铅笔，针管笔，钢笔，橡皮。

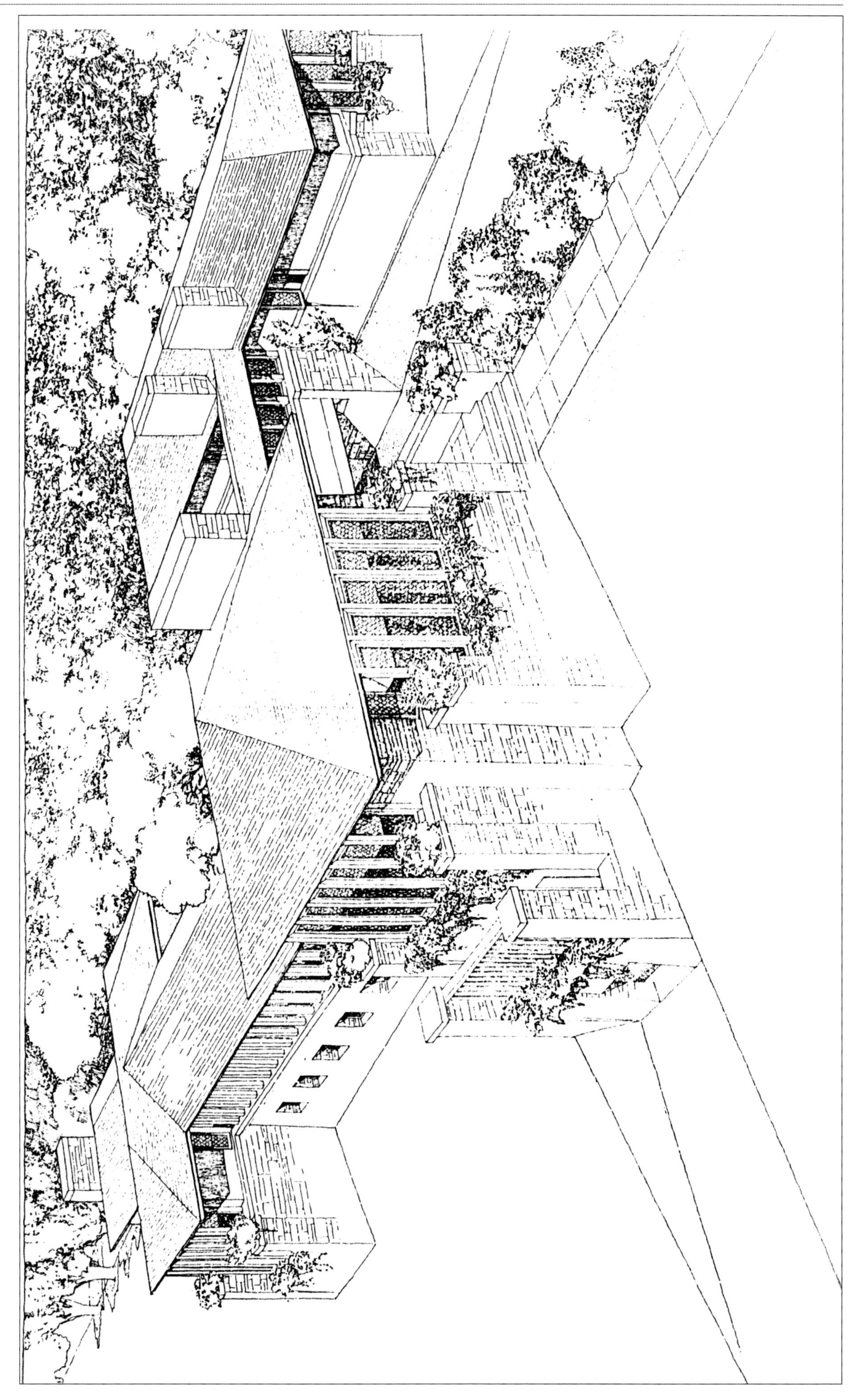

第四章 积极参与设计实践

第一节 如何选择表现作品的角度

在经过扎实的练习后，我们便可以把基础训练和实践运用结合起来，使我们的基本技法在实践中得到深化和变通。设计表现是建筑设计各项基础知识、表现手法以及个人修养的综合运用。实际的工程设计还受到其他因素制约，如建设单位的要求、欣赏习惯等。这些因素应该在创作过程中加以考虑。

如何去完成一幅优秀的线描表现图作品，这其中有一大部分要靠反复的练习、创作得出的实际经验来得到提高。这里我们为初学者提供一些基本的经验。

任何的表现图都无法在一张图中同时体现所有方面的设计，因此我们需要首先确定所需要表达的内容重点，可以在几张图中以不同的角度展示我们的设计成果，这要根据建设单位和设计师的要求以及绘图人的经验来定。设计图角度的选择一般有以下几种情况：

1. 设计的整体效果展示，要尽可能多地表现建筑与环境的关系，场景的选取应尽可能大些。这时，我们往往会选取较高的视点，常常在画面以外，一般以俯视或鸟瞰图的形式出现。这种角度需要我们有很好的整体把握能力。

2. 表现建筑或室内整体设计中功能最重要的部分，这类表现的实际运用最为广泛。比如门厅、会议室的表现。

3. 表现设计师认为最精彩的设计部分，可能是一个较小的场景，但会是设计者认为在他的这个设计中最能体现设计新意，最为精彩，总之是他最希望展现给甲方的部分。

4. 表现建筑上最容易出效果的部分，往往也是最能打动建设单位的部分。这类情况处理得好坏与设计师本人的经验、美术功底和扎实的透视基础关系最为密切。

在设计意图明确，所要表达的内容确定的情况下，所面临的问题就是如何选取最理想的透视角度。作为初学者，可以首先绘制不同角度的透视小稿，进行推敲、比较，体会不同视角不同形体的不同表达效果，如低视线的成角透视能更好地表达有曲面的建筑的富有流动感的弧线，而正面的透视则比较适于表达端庄严肃的空间气氛，比如行政办公楼、银行等。在表现酒吧、舞厅等气氛活跃的室内空间时，我们会采取画面看起来比较活跃的角度，甚至是稍带夸张的透视来表现。在表现层高较高的室内空间，比如大厅、教堂时，我们可以选取略带仰视角度的视角。经过小稿的比较，我们能较快地寻找到合适的角度。

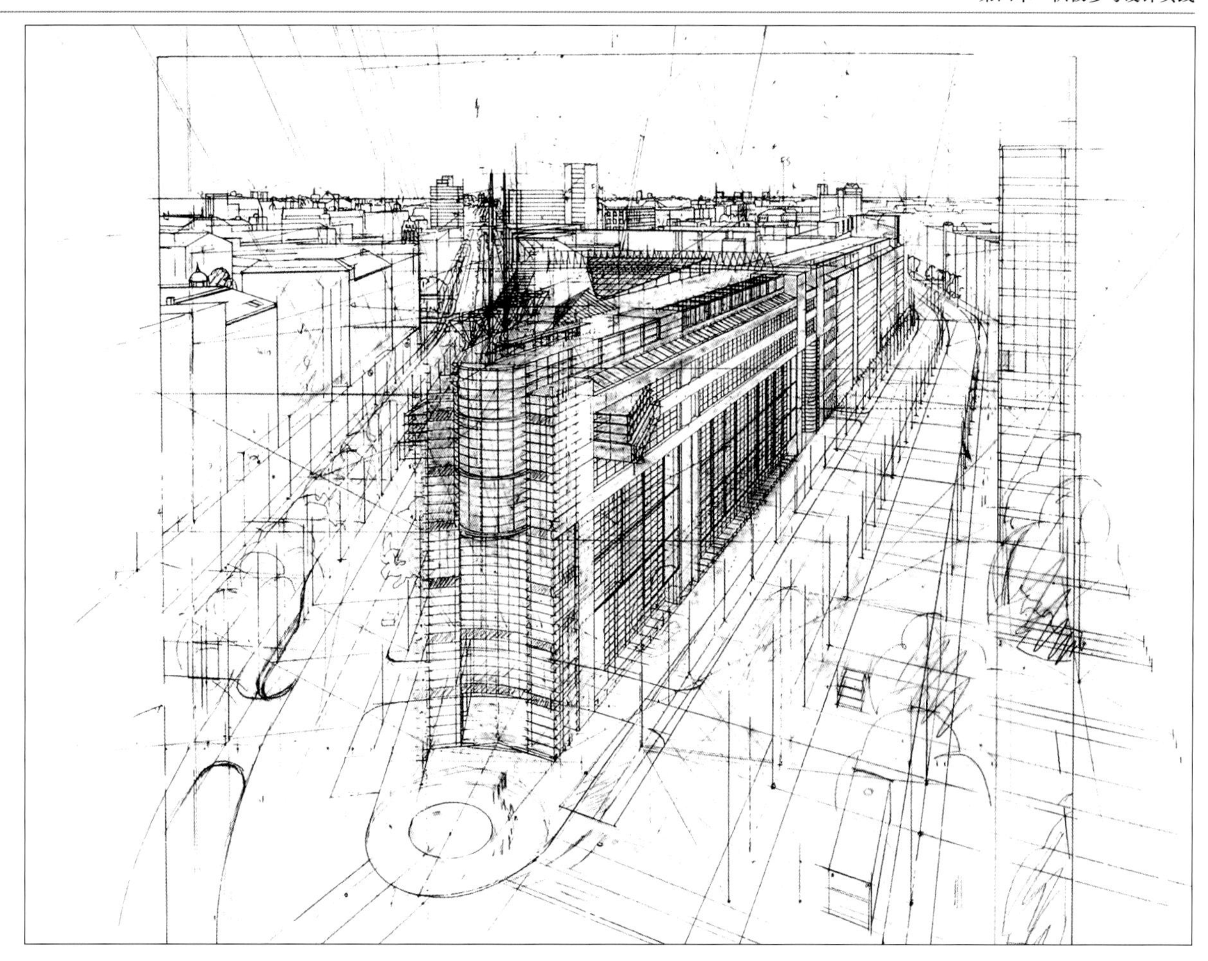

学习要点：先通过草稿确定表现的角度，求出准确的透视关系。

角度是否合适，进一步的验证方法是将选定的透视小稿绘制成草稿，分析构图是否饱满、有张力、空间形体的表达是否合形体美的规律，最重要的是能否表达出设计意境。

如果作者对透视方法掌握得比较娴熟后，能够直接在正稿上求出建筑和环境的透视关系，便可以直接在裱好的纸上用直尺画出透视图。

学习要点：首先绘制草图，确定视角、构图，然后确定准确的透视关系，再用单线绘出轮廓，表现明暗及材质，最后用淡彩进一步加强明暗关系及环境氛围。

第二节　如何准确、完美地表述设计作品的特征

1．领会设计意图

“踱步在先，疾书在后”。在动手绘画前，我们必须先读懂建筑的平、立、剖面图等，搞清所需表现的建筑形态、主要空间关系、结构构造及与周围环境的关系。表现图与一般意义的绘画不同，表现图的关键是设计的体现。最主要的是要领会设计意图，了解设计师想要表现一种什么性质的建筑空间意境：是简洁明快的现代化高层，还是庄重严肃的纪念性建筑，或是活泼明朗的商业娱乐空间等等，或者兼而有之。总之，建筑的风格是多种多样的，能否恰如其分地把握设计者想要表达的意境是绘制表现图的关键所在，以后一切表现均将围绕这一中心展开。这其中包括表现方法的确定，工具的使用，角度的选取，光影和色调的确定，以及配景、陈设品的设置。

2．确定表现方法

我们可以根据需要描绘的设计的不同特性来选择表现手法，当然，还要考虑绘制时间的长短等因素，我们也可以将方法集中起来结合使用，比如水彩与彩铅的结合。

3．光影与色调的选择与确定

光影与色彩的确定我们要根据设计的性质、环境气氛等因素来进行。对于一些纪念性建筑、宗教建筑，我们应该特别注重强调光影来表现庄重、肃穆的气氛。对于娱乐类的空间则要表现出变幻莫测的光影变化。

在淡彩的表现图中，色调的确定非常关键。一张表现图在色彩方面最重要的因素是整体色调的把握，因为一张画的色调往往决定了表现对象庄重、肃穆的特点；而商业或娱乐性的建筑则往往通过明快、活跃的色调来表现。我们在绘画时要注意把握一种总的色彩倾向。在实际绘制过程中，我们往往会先绘制一个底色来获得这种基本的色彩倾向，在一些特殊情况下我们也可以使用有色纸来实现。

建筑表现图在色彩方面的知识非常丰富，除了与绘画的写生色彩有关外，还涉及到色彩构成等方面的知识，这个我们在基础课的学习中应该较好地掌握。除此之外，我们还应该了解与色彩设计有关的知识。在初学者熟练掌握色彩技能之前，在绘制建筑表现图时，也不妨采用一些“借鉴”的方法来帮助自己更好地表现色彩。我们可以找一张合适的，与之类似的，色彩效果又好的效果图成品或者摄影作品，作为绘制色彩稿的参考资料。可以参考其光影的处理、色调的把握，并根据实际情况略作调整，这个过程也是一个学习提高的过程，对于以后熟练掌握光影色彩方面的运用非常有帮助。我们也可以根据设计师的要求先确定建筑主体的色调，作一些小稿的试验，画一些不同色彩的配色稿，从中找到和谐、准确的色彩关系。

色彩的修养也是一个设计师职业水准的标志之一，色彩能力的提高需要在实践中不断学习、总结和提高。

4．材料质感的表现

这里的质感是指建筑或其他物体表面所用的材料体现出的一系列外部特征，包括色彩、肌理、工艺特点和连接形式等方面。现实中所涉及的材料质感千变万化，我们所采用的表现手法也各有所长，即使对于同一种材料的表现，各种不同的表现手法也是各不相同的。

在建筑表现图中，对材料质感的表现，关键在于对材料的色彩、纹理和反光程度的把握。各种不同的建筑材料之间的差别，主要就是这三者之间的差异。

第三节　如何创造引人入胜的设计意境

首先要明确设计所要表达的意境，并根据实际情况的不同进行处理。“艺术地再现真实”是建筑表现图的较高境界。要创造出引人入胜的设计意境的表现图除了要有富有表现力的角度、恰当的表现方法、准确和谐的色调外，还要具备更高的艺术性。比如在色彩的运用上，要能用色彩来营造一种特定的环境气氛，使画面充满感情色彩。在配景的运用上要恰当且丰富。比如在表现商业空间时，应该多画一些能够充分表达热闹商业气氛的配景和人物，来突出气氛。而在表现行政办公建筑时，配景塑造应该尽量简洁、干净，突出行政办公空间的严肃气氛。

第四节　设计与表现实例

这是几张中国美术学院建筑艺术学院环艺系吴晓淇教授于 2002 年杭州西湖南线改造时所作的表现图。以钢笔线描的形式表现了改造后意图达到的杭州西湖南山路几个节点的建筑环境印象：

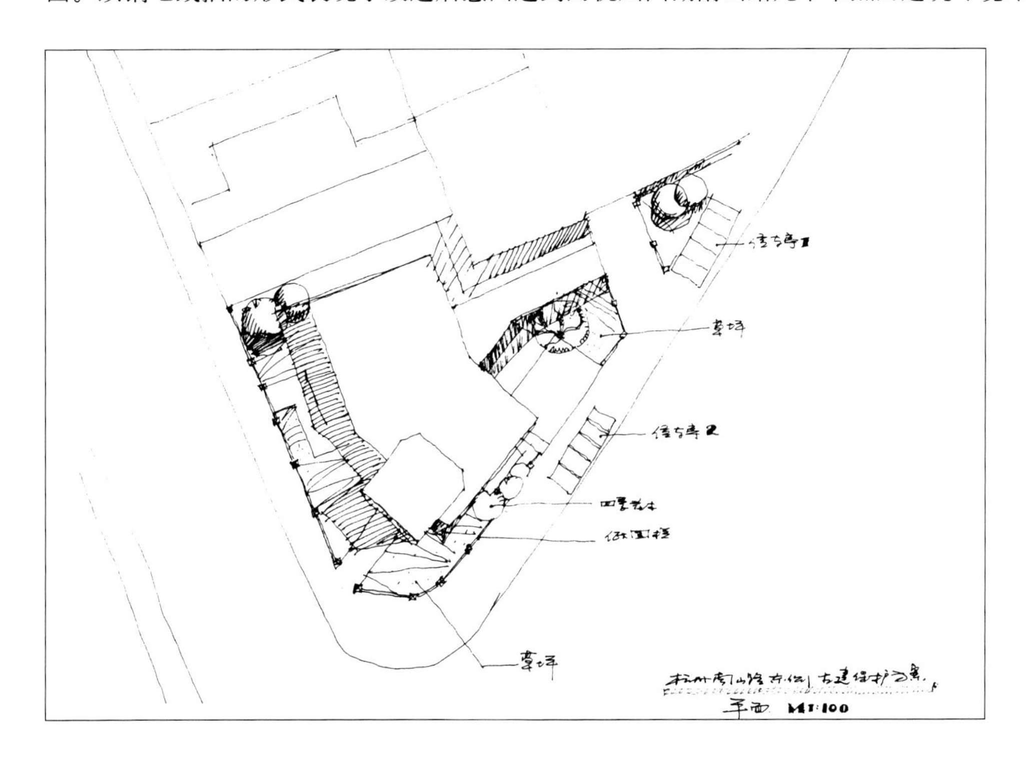

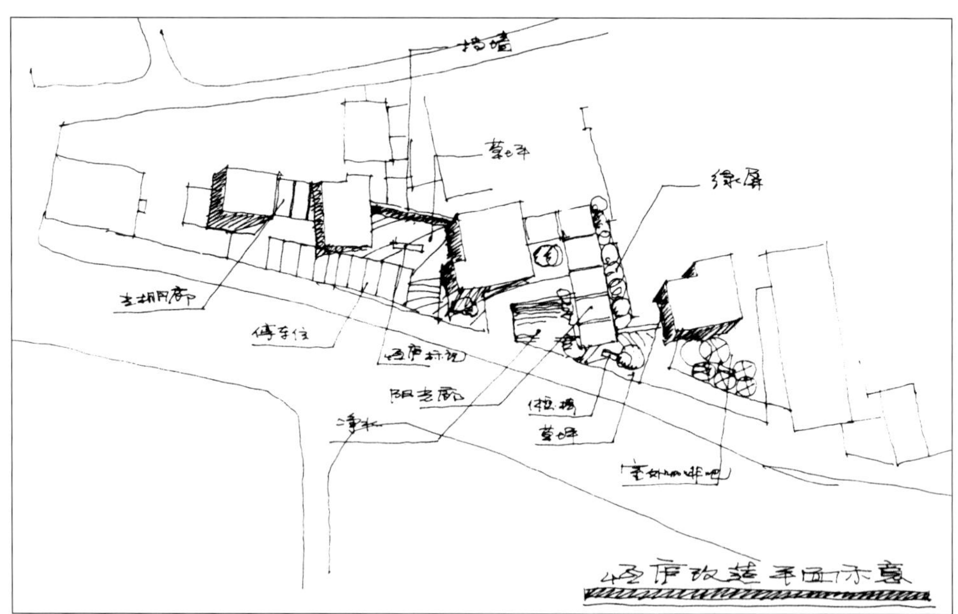
挡墙
草坪
绿屏
停车位
阳光廊
草坪
室外咖啡吧
酒店改造平面示意

2002.10

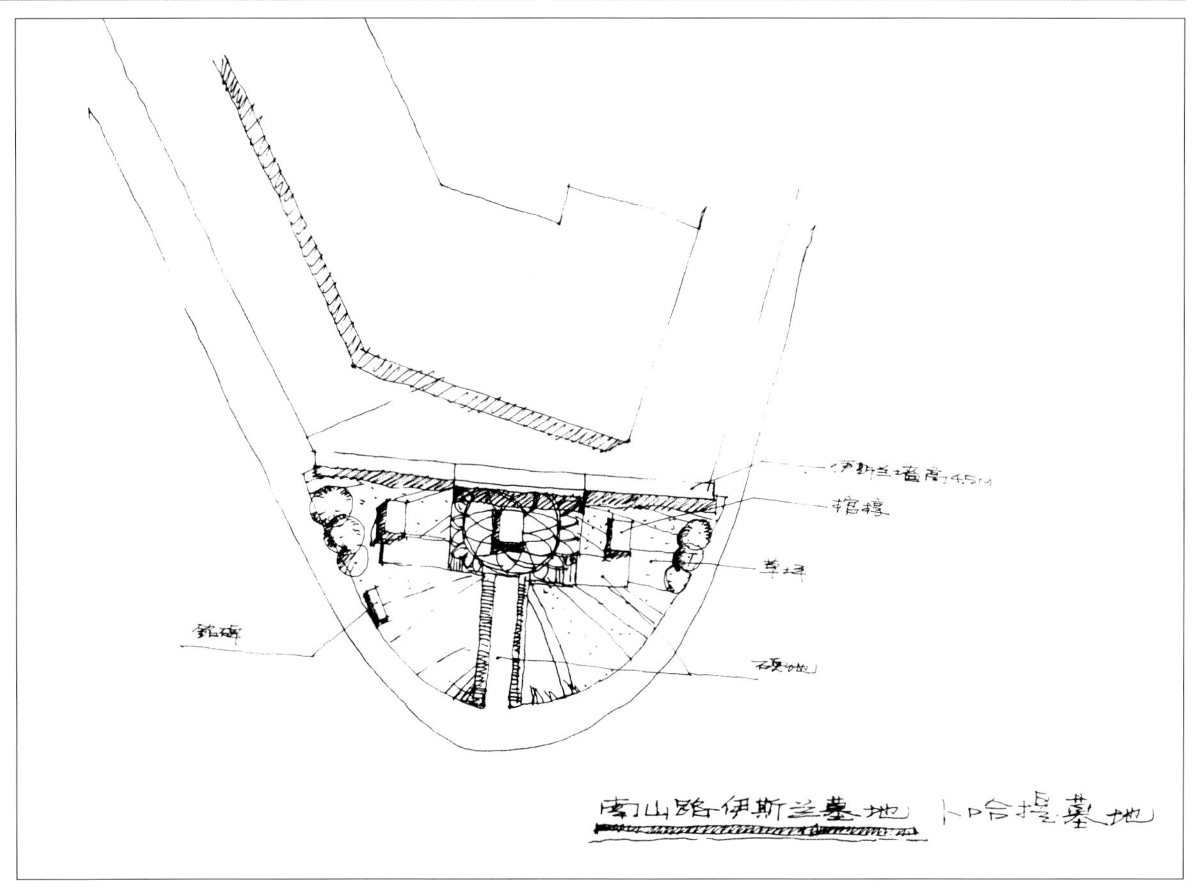
伊斯兰墙高4.5M
草坪
铭碑
硬地
南山路伊斯兰墓地 卜哈提墓地

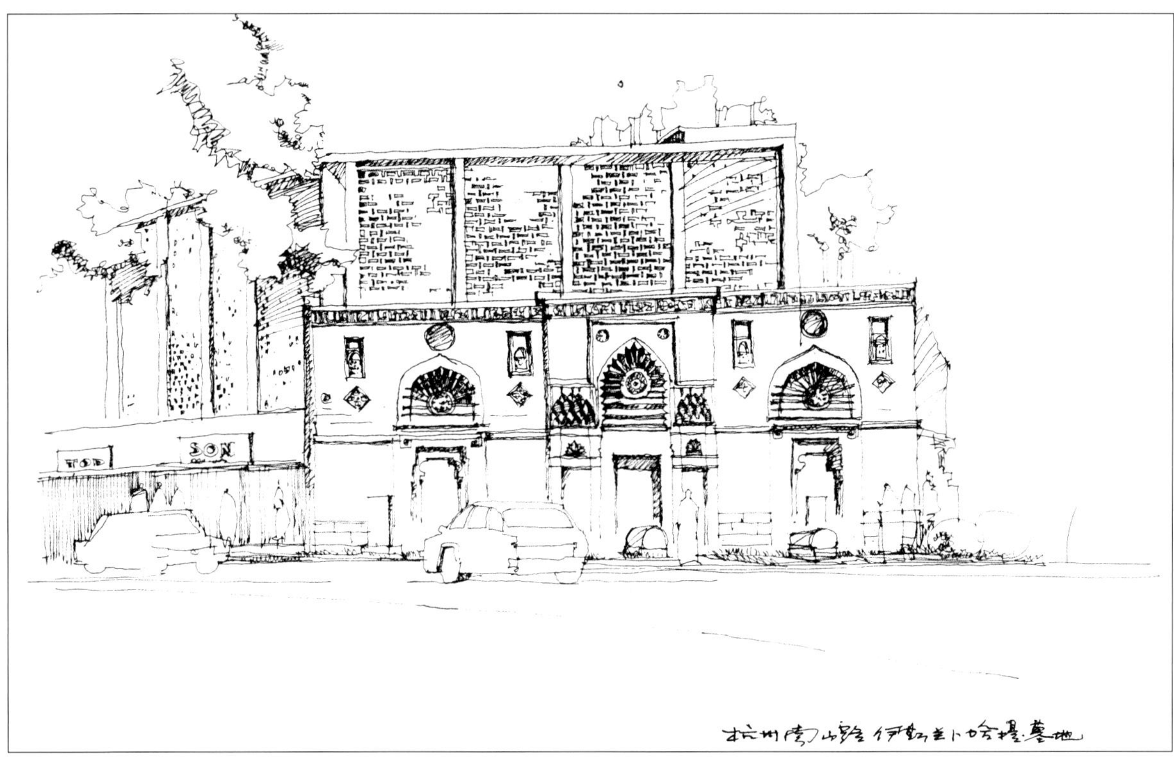
杭州南山路 伊斯兰卜哈提墓地

下面几张是中国美术学院建筑艺术学院环艺系 06 级硕士生刘静参与导师钱江帆教授主持的住宅小区景观设计时为表达设计意图所作的几张硬笔线描透视效果图：

厦门海之屿景观组团透视效果图

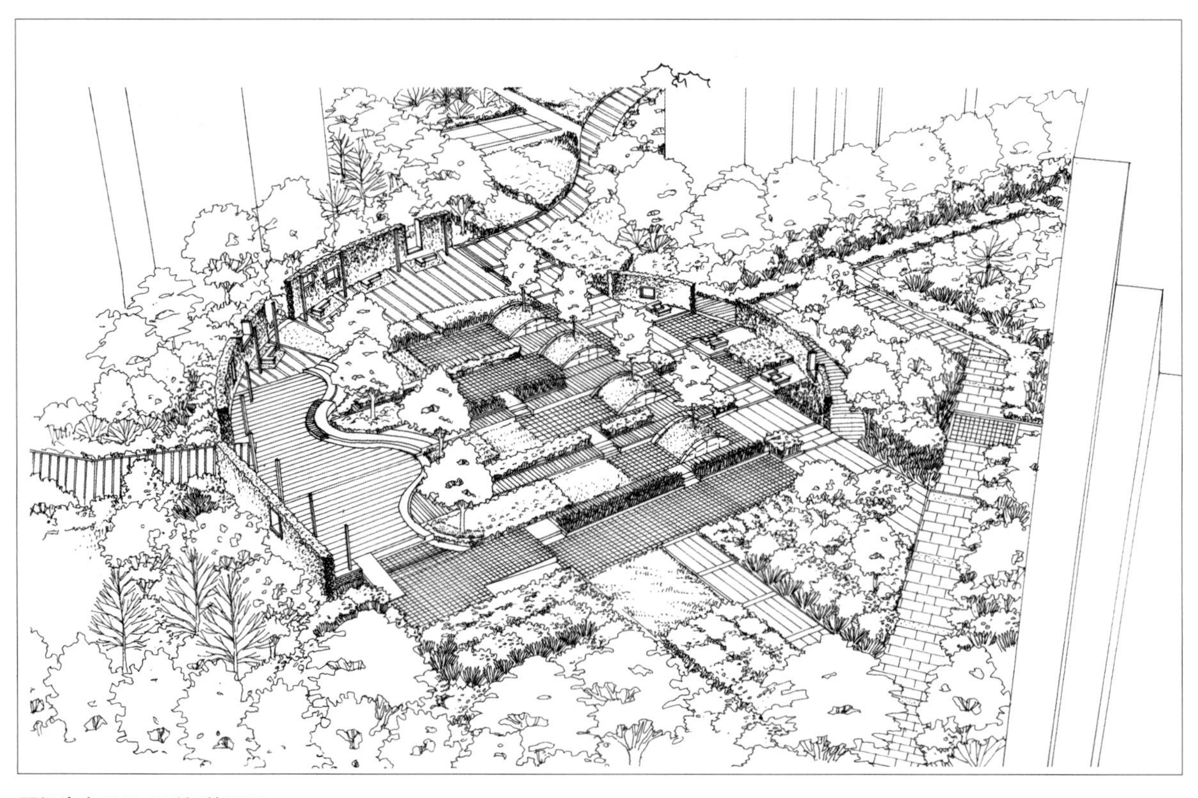

厦门海之风景观透视效果图

厦门海之风儿童游乐园景观透视效果图

思考练习题及试卷：

1. 线描表现图如何体现设计思想？

2. 如何通过线描效果图表现设计意图？

3. 线描效果图的作用是什么？

4. 设计表现效果图的亮点是什么？

5. 试卷

考试时间：　　年　月　日　　时间：150 分钟

准考证号：__________　　得分：

第一部分　理论题（总分20分，考试时间10分钟）

填空题（每题 10 分，共 20 分）

1、如何准确、完美地表述设计作品的特征：①__________；②__________；③__________________；④__________。

答案：领会设计意图、确定表现方法、光影与色调的选择与确定、材料质感的表现。

2、“艺术地再现真实”是建筑表现图的较高境界。创造出引人入胜的设计意境的表现图除了要有富有____________、______________、______________外，还要具备更高的__________。

答案：表现力的角度、恰当的表现方法、准确和谐的色调、艺术性

第二部分　技能操作题（总分80分，考试时间140分钟）

附图是设在德国 Pullach 的 LHI 新朗廷酒店集团总部的室内局部空间。该建筑的室内设施一应俱全，会议区、餐厅、办公区、交流区和绿化空间聚集在一个紧凑的空间里。明亮的天然石材铺就的外墙和地板，朴实自然的色调，再配以油橡木和米色纺织品，呈现一派自然之感。室内大厅，桥梁和人行道都漆以不同的白色，犹如一艘船舶室内装饰。

请根据实景照片，完成一幅室内场景的硬笔线描表现图。要注重对玻璃墙面的刻画，玻璃既是透明体，又是反射体，要画出室内的结构和灯光。

要求：①室内场景效果图（注重对室内建筑结构和玻璃墙面的刻画）。

②透视准确，空间尺寸正确，画面协调。

③图纸规格：A3 图幅（297mmx420mm），硫酸纸（80 克以上）。

④工具：钢笔、针管笔、铅笔，橡皮，尺，彩色铅笔等制作表现图所需的绘图工具。

LHI headquarters
项目地点：德国慕尼黑
建筑面积：13000平方米

第五章　提高设计修养、练就扎实的绘画功底

第一节　培养良好的设计修养

建筑表现图区别于一般的绘画作品，在具有一定美感标准的同时，它必须是建立在建筑设计的基础之上的。设计立意构思是表现图的灵魂，表现图无论采用何种技法手段，无论运用哪种绘画形式，画面塑造的效果都是围绕设计的立意与构思进行的。真实性是效果图的生命线，绝不能背离客观的设计内容而主观片面地追求画面的某种“艺术趣味”，或者错误地表达设计环境的气氛效果。建筑设计受到功能、材料和构造形式的制约，建筑美学标准受到技术材料的制约，随着建筑的形式、材料、功能等的不同，而灵活地采取不同的表现手法。随着各种技术的不断发展变化，作为表现图的作者，我们应该随时了解建筑技术和其他技术的进步和变化，保持一种职业的敏锐性和适应性，要提高自己的设计能力，对于建筑设计领域的有关事物的发展历史和趋势也应有所了解和认识。

第二节　练就扎实的绘画功底

作为展示设计结果或用于工程投标的效果图，要完整、精确和艺术地表达出设计的各个方面，同时又必须具有相当强的艺术感染力。这需要我们具有一定的艺术修养和良好的绘画基础。效果图的创作风格受到人文环境、社会需求、经济条件以及相关的工程技术能力的限制。这就要求我们在创作的过程中不能采用那种“纯艺术式”的创作画式。准确的透视和恰当的明暗与色彩是效果图所必须的。

我们可以通过素描课的学习来提高造型、透视及对明暗与光影、质感表现的把握。要将建筑设计中各种物体的体量、立体感、空间感、各种表面材料的质感、建筑本身的形象及周围环境的气氛等诸方面因素和谐地表现在一张画面之中，素描基础是必不可少的。同时，在表达对象的过程中，要想以适当的构图充分展现建筑主体的特征，有效地运用诸如点、线、面、黑、白、灰等造型艺术的各种视觉语言，把握画面的节奏、韵律，塑造与表达好各种细节，也都离不开一定的素描能力。

我们可以通过速写的训练，培养敏锐的观察能力和对于线条运用的练习。我们需要进行名作及照片的临摹练习，还需充分理解建筑的空间形状、明暗、光影之间的有机联系，从比较中探寻诸要素之间相辅相成的变化规律，从而提高控制画面黑、白、灰层次的对比以及虚与实、强烈与微弱等素描效果的

整体处理能力。

色彩的学习也是非常重要的。在一张表现图中，仅仅只是表现出建筑本身的“固有色”是不够的。要表达出在一定的空间环境中建筑固有色在现实光环境气氛中的变化，要对“环境色”“固有色”等知识理解并熟练运用。我们还要通过对“色彩构成”基础知识的学习和掌握，注重色彩感觉与心理感受之间的关系，注重各种上色技巧以及绘画材料、工具和笔法的运用，以实实在在的形体、色光去反映内在的精神和情感，赋予设计表现图以生命。建筑表现图中营造一种特定的环境气氛是一张优秀的表现图的重要特征，而色调的运用则是创造这种气氛最基本的前提。

同时，设计始终是一门与时俱进的艺术，还要不断尝试新的手段和材料，使作品保持新鲜感和时代感。

思考练习题及试卷：

1. 随着各种技术的不断发展变化，作为表现图的作者，我们应该如何去做？

2. 我们要通过哪些方面的训练来练就扎实的绘画功底？

3. 试卷

考试时间：　　年　月　日　　时间：150 分钟

准考证号：__________　　　得分：

第一部分　理论题（总分20分，考试时间10分钟）

填空题（每题 10 分，共 20 分）

1、___________是表现图的灵魂，表现图无论采用何种技法手段，无论运用哪种绘画形式，_____________都是围绕设计的立意与构思进行的。______是效果图的生命线，绝不能背离______的设计内容而主观片面地追求画面的某种“艺术趣味”。

答案：设计立意构思、画面塑造的效果、真实性、客观

2、要将建筑设计中的各种物体的________、________、________、________________、建筑本身的形象及周围环境的气氛等诸方面因素和谐地表现在一张画面之中，素描基础是必不可少的。

答案：体量、立体感、空间感、各种表面材质的质感

第二部分　技能操作题（总分80分，考试时间140分钟）

根据附图所示的室内起居室空间，空间和透视关系不变，请设计并替换图中的家具及相关陈设，完成一幅室内场景硬笔线描表现图。

要求：①室内场景效果图（家具为主体）。

②处理好空间与透视、结构与构造、层次与关系、材料与质感、图感与表现。

③图纸规格：A3 图幅（297mmx420mm ），硫酸纸（80 克以上），墨线绘制。

④工具：针管笔，钢笔，铅笔，橡皮，尺，彩色铅笔等制作表现图所需的绘图工具。

HOME
设计师：KELLY HOPPEN
地　址：7 GreenLand Street，London NW1 OND

第六章 名师名作赏析

第一节 赖特作品

在线描表现图的学习中，一般我们首先会找一些具有代表性的名师作品来进行学习。比较典型的例子是美国的著名建筑师弗兰克·劳埃德·赖特（Frank Lloyd Wright）和赫尔穆特·雅各比（Helmut Jacoby）。赖特是举世公认的二十世纪伟大的建筑师，是二十世纪建筑五大师之一。他热爱美国中西部宽广的自然草原，尊重土生土长的美国文化，注意发掘事物内在潜力，冷峻批判流行时尚，最后他终于产生了自己的建筑哲学和许许多多既有风采、蕴涵和意义的建筑作品，在美国建筑从折衷主义向现代主义发展的过程中作出了他的历史贡献。

学习要点：建筑及街景环境的表达。学习对建筑构件的准确表现和周围街景的环境气氛对建筑的烘托。

学习要点：完全写实地表达，背景植物的细致刻画衬托主体建筑。

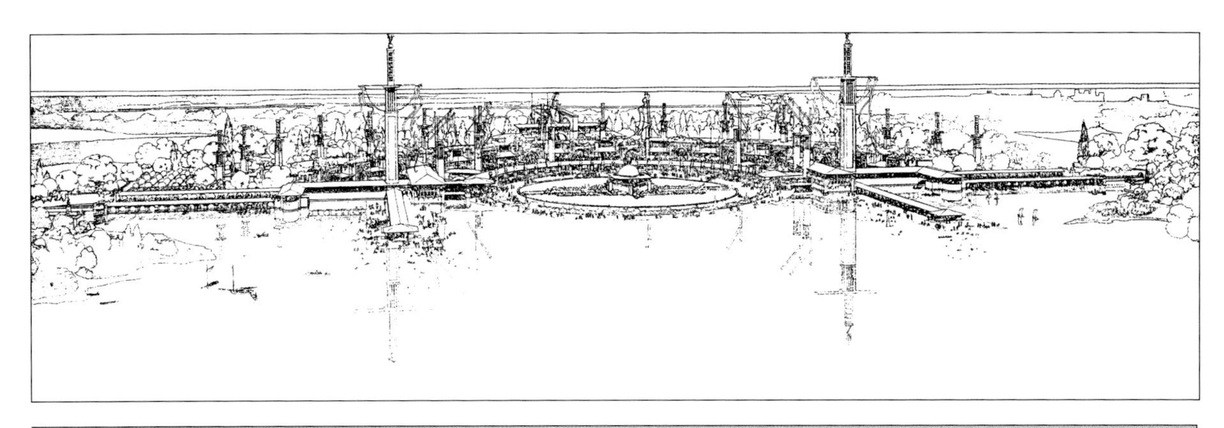

学习要点：大场景的表现有条不紊。

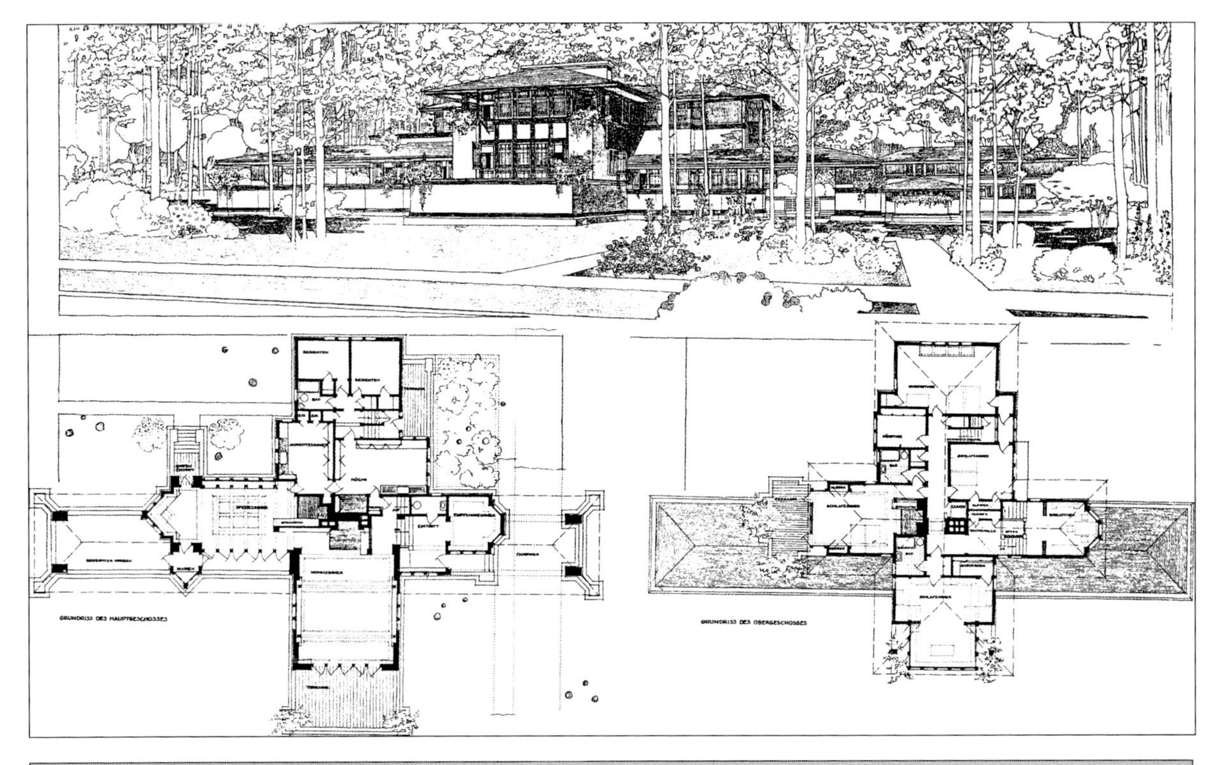

学习要点：线描效果图的表现是在设计方案确定的基础上的。

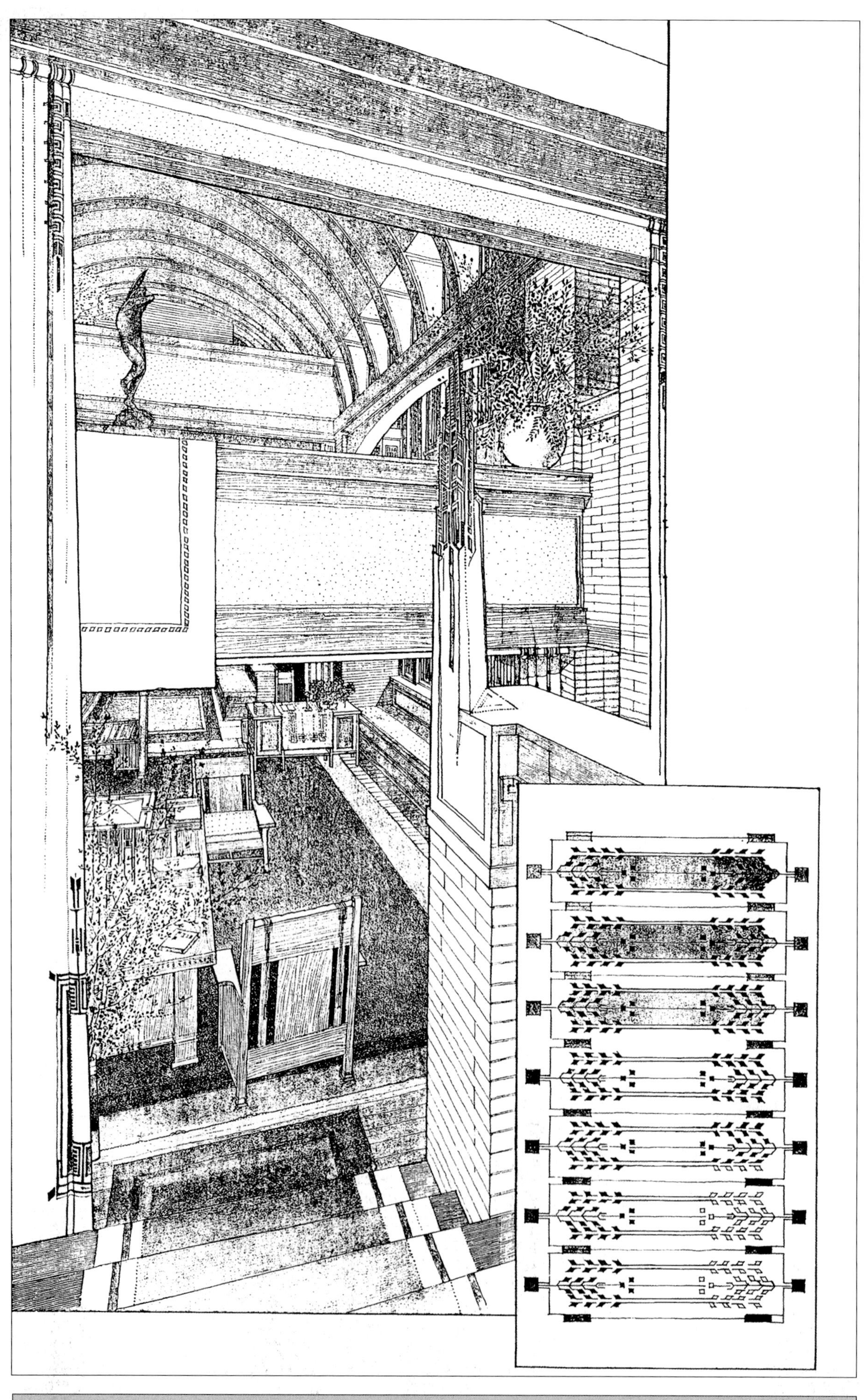

学习要点：注意构造的穿插。材质的表达在室内表现图中变得尤其微妙。

第二节　赫尔穆特·雅各比作品

雅各比的作品描绘的是当时全新样式的建筑，尽管没有相似的实例建筑存在，但他必须使开发商充分理解他的设计，他的绘图准确地把握科学与艺术之间的平衡。他的表现图中对于材质、结构的把握是尤为突出的，特别是对于钢材、玻璃等材料的表现，以及与植物、配景环境的对比把握。他的建筑图总是能远远超过人们的视觉所能感受到的。

学习要点：波士顿市政厅。环境的表达最终是为了突出主体建筑。

学习要点：墨西哥城。建筑与环境表现方式的对比值得学习。

学习要点：角度的选择对效果图最终达到的效果十分重要。

学习要点：德国议会大厦。环境与建筑的关系及材质的表达十分到位。

学习要点：福特基金会。钢架、玻璃、石材墙面、配景树木的材质表现非常到位，主次关系的处理值得学习。

学习要点：细致的配景刻画恰如其分地描述了建筑所处的环境氛围，表达了建筑与环境的关系。

学习要点：伯利尔收藏博物馆。室内表现图着重对光影效果的表达。

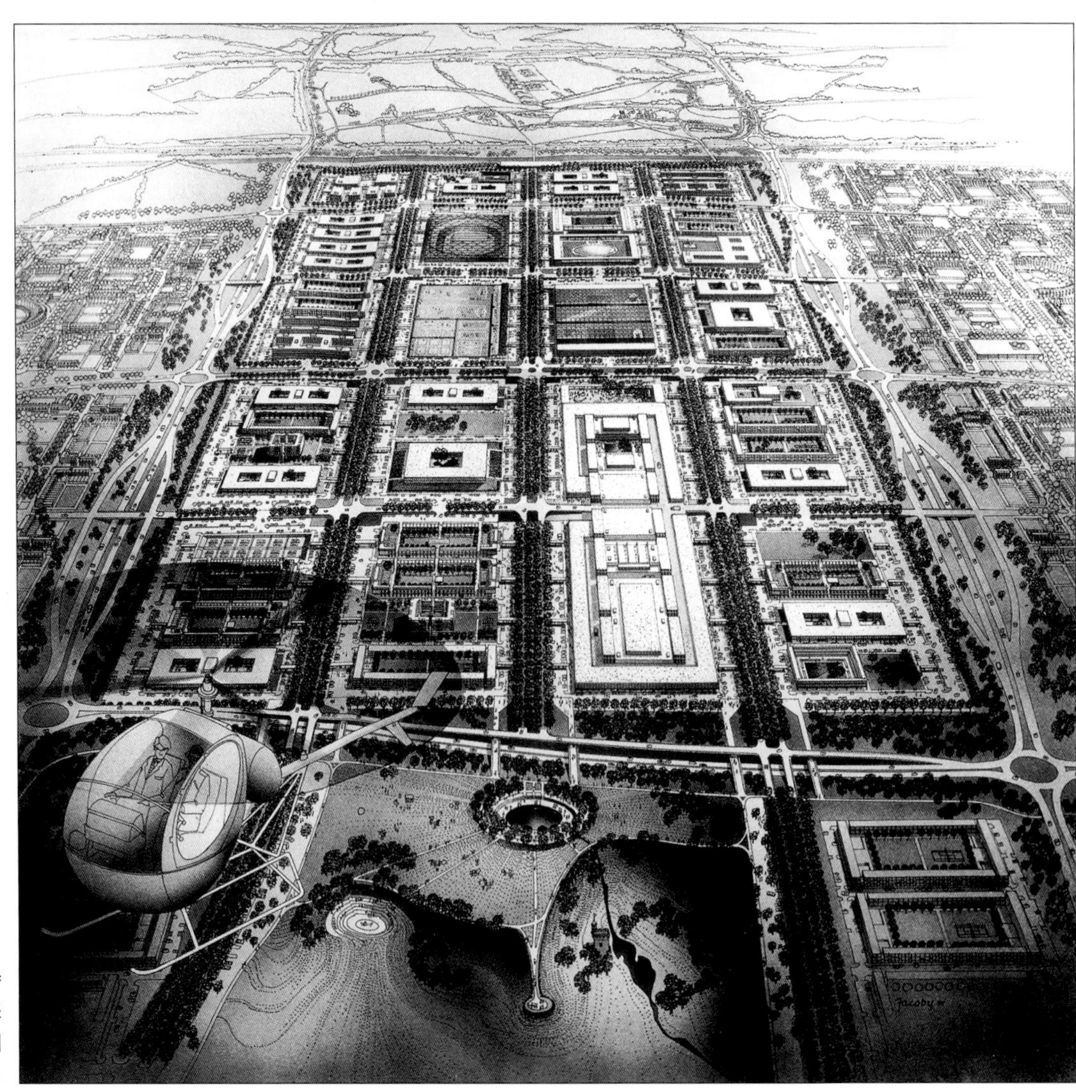

学习要点：米尔顿·凯恩斯特城市中心。用鸟瞰的方法来表现环境的大关系，严谨细致的刻画很好地说明了问题。

学习要点：细腻的配景刻画描绘出了建筑与环境的关系，画面层次与空间氛围表达非常到位。

学习要点：阿曼德·巴托斯建筑设计事务所，纽约犹大大学。环境的表达最终是为了突出主体建筑。

学习要点：诺曼·福斯特建筑设计事务所，威尔士·法伯尔办公大楼。非常到位地把握好空间与透视，表达出了室内外的图感层次关系，对室内构造与材质、人物与家具也刻画得恰如其分。

学习要点：埃罗·沙里宁建筑设计事务所，哥伦比亚大楼。处理好构图与配景、黑白灰关系，丰富空间图感。

学习要点：广场环境与周边建筑的空间关系、层次与透视、植物配景与休闲氛围都表达十分到位。

学习要点：菲利普·约翰逊，敦巴顿橡树园。很好把握了空间与透视、配景与主体的关系，严谨细致地刻画建筑主体的结构与构造。

思考练习题及试卷：

1. 赖特的建筑思想之源是什么？他的作品最主要的特征有哪些？

2. 雅各比创造出哪几种绘图？他的作品具有哪些鲜明的特色？

3. 试卷

考试时间：　　年　月　日　　时间：150 分钟

准考证号：__________　　　得分：

第一部分　理论题（总分20分，考试时间10分钟）

填空题（每题 10 分，共 20 分）

1、雅各比的绘图准确地把握_____与_____两者之间的平衡。他的表现图中对_____和_____的把握是尤为突出的，特别是对于钢材、玻璃等材料的表现，以及与植物、_____的对比把握。

答案：科学、艺术、材质、结构、配景环境

2、美国著名建筑师费兰克·劳埃德·赖特是举世公认的_____伟大的建筑师，在美国建筑从_____向_____发展的历史过程中作出了他的历史贡献。

答案：二十世纪、折衷主义、现代主义

第二部分　技能操作题（总分80分，考试时间140分钟）

附图是一家具有前卫风格的艺术画廊。室内设计出人意料的形式感，颠覆传统的审美冲击力，解构空间，对材料反传统用色，形成视觉与触感的冲突。

黑、白、灰是无彩色的一切，有了它们，才有了形体；有了它们，才有了空间。在这里，白色将不同的材质统一起来，只留下肌理透露他们本来的面貌。灰色是黑色与白色之间的过渡色，灰色极好地协调了白与黑的对立。

根据附图所示空间，完成一幅复式画廊室内场景硬笔线描表现图。

要求：①透视准确，空间尺寸正确。

②画面协调，空间图感（建筑构造，黑白灰关系）。

③图纸规格：A3 图幅（297mmx420mm），硫酸纸（80 克以上）。

④工具：针管笔，钢笔，铅笔，橡皮，尺，彩色铅笔等制作表现图所需的绘图工具。

I LOVE LEI FENG

第七章 考试大纲与试卷

观察历年考试的试卷，编者认为，自学考生，特别是辅导类学校，应试思想严重，背题现象普遍。考生准备了几套范图临摹、背诵，不管考题的具体要求和范例图片的具体内容，将考试变成了效果图默写，出现许多图不达意的现象。虽然掌握了一定表现技法，但离题了，评卷老师的打分也不会高，通过率偏低，并且丧失了继续系统学习课程提高环境艺术实践能力的作用。

第一节 考试大纲

一、课程设置

硬笔线描及淡彩技法课程是全国高等教育自学考试环境艺术学、室内设计学等专业的必考课程。硬笔线描及淡彩表现涉及到环境设计的技能、思想方法以及必备的职业修养，是集理论与应用为一体的学科。

《硬笔线描及淡彩技法》教材分为七个章节。第一章概说篇主要阐述硬笔线描表现图的种类、意图和作用；硬笔线描表现图的应用和发展。第二章主要阐述硬笔线描表现图的分类、表现工具与技法；淡彩线描的类型和各类线描淡彩图绘制技法。第三章主要是向名师名作学习，阐述了向名师名作学习要点、图片临习步骤、作业要领和钢笔线描淡彩训练步骤。第四章积极参与设计实践，阐述了如何选择表现作品的角度，如何准确、完美地表述设计作品的特征从而创造出引人入胜的设计意境。第五章阐述了提高设计修养和练就扎实的绘画功底之间的相关性和重要性。第六章名师名作赏析为学生课余学习和临摹提供了一定的范本资料，通过对大师作品、照片的描摹，初步学习大师的设计精神。除了在每章节后有单元测试内容外，本章节将教学大纲内容系统地作了梳理，同时提供模拟试卷供考生们研习。全书在系统探讨相关理论的同时，突出了内容的实用性。在自学考试命题中应充分体现课程的性质和特点。

二、课程目的与要求

本课程设置的目的：硬笔线描及淡彩技法是专业绘画的入门基础，学生在全面了解硬笔线描及淡彩技法的概念、历史、现状与发展趋势的基础上，通过对此类表现图的临摹，根据照片创作的方法，掌握专业绘画的基础，了解专业绘画的作图方法，掌握专业绘画工具的性能。系统掌握硬笔线描及淡彩技法的理论、方法、技术，具备硬笔线描及淡彩技法表现的实际技能，同时也为以后相关专业课程的链接打下基础，形成良好呼应关系，从而胜任各环境艺术设计、室内设计的工作。

学习本课程的要求：硬笔线描及淡彩技法是环境艺术设计和室内设计相关专业学生的手头能力表

现的重要一关。本课程的要领首先是在理解设计对象的关系或理解设计师的设计意图后，用专业工具及专业绘画语言表达设计意图。专业绘画要求透视准确，比例适当，充分表现所设计对象的材质及施工技艺为很好地表现设计意图，提供良好的空间创作说明。

自学应考者应紧密联系我国环境艺术设计和室内设计工作的实际情况，全面掌握硬笔线描及淡彩技法的基础理论、基本知识与相关技能，为在环境设计和室内设计中从事相应的工作奠定良好的理论基础和实践基础。

三、考核目标

学习目的和要求	考核知识点	考核要求
第一章：通过本章的学习，使学生了解什么是硬笔线描表现图，了解硬笔线描表现的种类、意图和作用，以及硬笔线描表现图的发展和应用。通过本章学习，让学生掌握硬笔线描作为一种独立的绘画表现形式，它的特点和表现的种类。	1. 什么是硬笔线描表现图 2. 硬笔线描表现图的种类 3. 硬笔线描表现图的意图和作用 4. 硬笔线描表现图的应用和发展简介 5. 我国硬笔线描表现图的发展	1. 什么是硬笔线描表现图（了解） 2. 硬笔线描表现图的种类（掌握） 3. 硬笔线描表现图的意图和作用（掌握） 4. 硬笔线描表现图的应用和发展简介（了解） 5. 我国硬笔线描表现图的发展（了解）

学习目的和要求	考核知识点	考核要求
第二章：通过本章第一、二节的学习，使学生了解硬笔线描表现的工具和技法，以及配景要素的表现方法。通过本章第三节的学习，使学生了解线描淡彩画的技法、画品和类型以及作画的步骤，了解线描淡彩表现图在作画时应注意的问题。	1．硬笔线描表现图的分类 2．硬笔线描表现工具与技法 3．淡彩线描	1．硬笔线描表现图的分类 (1) 根据不同的表现对象分类 （了解） (2) 根据风格形式分类 （了解） (3) 按工具材料和主要表现手法分类 （了解） 2．硬笔线描表现工具与技法 (1) 线的组合 （掌握） (2) 组合类型 （掌握） (3) 技法要领 （掌握） (4) 表现力 （掌握） (5) 基本要求 （掌握） (6) 铅笔线描 （掌握） (7) 钢笔线描 （掌握） 3．淡彩线描 (1) 淡彩简介 （了解） (2) 画品与类型 （了解） (3) 各类线描淡彩画技法 （掌握） (4) 绘图时应注意的问题 （掌握）
第三章：通过本章的学习，使学生了解名师名作的学习要点、名师作品图片临习步骤以及作业要领。让学生掌握钢笔线描淡彩的训练步骤。	1．向名师名作学习 2．名师名作学习要点 3．名师作品图片临习步骤 4．拷贝图片资料 5．作业要领 6．钢笔线描淡彩训练步骤	1．向名师名作学习 （了解） 2．名师名作学习要点 （了解） 3．名师作品图片临习步骤 （掌握） 4．拷贝图片资料 （掌握） 5．作业要领 （掌握） 6．钢笔线描淡彩训练步骤 （掌握）

学习目的和要求	考核知识点	考核要求
第四章：通过本章的学习，使学生了解如何选择表现作品的角度，如何准确、完美地表述设计作品的特征，如何创造引人入胜的设计意境。让学生掌握完美地表述设计作品的特征就要做到：领会设计意图、确定表现方法、光影与色调的选择与确定以及材料质感的表现。	1．如何选择表现作品的角度 2．如何准确、完美地表述设计作品的特征 3．如何创造引人入胜的设计意境 4．设计与表现实例	1．如何选择表现作品的角度　（掌握） 2．如何准确、完美地表述设计作品的特征　（掌握） 3．如何创造引人入胜的设计意境　（了解） 4．设计与表现实例　（了解）
第五章：通过本章的学习，使学生了解设计是一门与时俱进的艺术，需要培养良好的设计修养和练就扎实的绘画功底。让学生了解通过素描、速写的训练，名作及照片的临摹练习，色彩的学习可以练就扎实的绘画功底。	1．培养良好的设计修养 2．练就扎实的绘画功底	1．培养良好的设计修养　（了解） 2．练就扎实的绘画功底　（了解）

学习目的和要求	考核知识点	考核要求
第六章：通过本章的学习，使学生解读大师的思想之源，不断地探求他们的创作灵感，力求解读大师创意的本质。让学生了解通过对大师名作的解读去充分理解建筑的空间形状、明暗、光影之间的有机联系，从比较中探寻诸要素之间相辅相成的变化规律，从而提高控制画面黑、白、灰层次的对比以及虚与实、强烈与微弱等素描效果的整体处理能力。	1. 赖特作品 2. 雅各比作品	1. 赖特作品 （了解） 2. 雅各比作品 （了解）

第二节 综合试卷

考试时间： 年 月 日 时间：150 分钟

准考证号：__________ 得分：

第一部分 理论题（总分20分，考试时间10分钟）

填空题（每题 10 分，共 20 分）

1、一张好的硬笔线描表现图应具备：钢笔________、结构________、线条________、景物的__________、画面黑白灰层次处理得当。

答案：线条流畅、比例准备、组合巧妙、取舍和概括

2、线描淡彩画是以______做骨架，再施以______的画。以线为主、色彩为辅，故淡彩为宜。其类型有____________和____________。

答案：线描、淡彩、柔性线描画、钢性线描画

第二部分 技能操作题（总分80分，考试时间140分钟）

附图是位于西班牙格拉纳达的 Portago Urban Hotel，这是一家具有显著英国特色的城市酒店。空间的丰富性和英国风情与非正式的丰富多彩的室内色调，让酒店空间成为该市中心的典型。地面成为该酒店创造空间的个性鲜明的亮点：每个功能区域的地毯都有张不同色彩的脸面和白色的墙壁形成鲜明对比。根据这个空间特色，请你任选其中的一种酒店空间功能进行设计表现，可以是客房、大堂、小酒吧、咖啡吧、休闲餐厅等的任何一种形式。

首先确定你选择的空间形式，并在主标题下写上副标题，如：酒店室内空间——客房。

要求：①绘制淡彩线描表现图至少 1 个区域，表现形式不限，多者不限。

②设计风格自定，要求具有鲜明的特色。

③表现图中要把握好空间与透视、结构与构造、层次与关系、材料与质感、图感与表现、配景与主体的关系。

④简要设计说明 100 字左右。

⑤画幅规格：A2 图幅（594mm × 420mm），水粉纸。

⑥工具：自备。

NICE TO MEET YOU
WPPY.COM

WPPY.COM